U0480814

湖北木林子
国家级自然保护区
兰科植物图鉴

主　编　刘　虹　易丽莎　陈绍林

图书在版编目（CIP）数据

湖北木林子国家级自然保护区兰科植物图鉴 / 刘虹，易丽莎，陈绍林主编. -- 成都 : 四川大学出版社，2025. 6. -- ISBN 978-7-5690-7878-7

Ⅰ. Q949.71-64

中国国家版本馆 CIP 数据核字第 2025J8R225 号

书　　名：湖北木林子国家级自然保护区兰科植物图鉴
Hubei Mulinzi Guojiaji Ziran Baohuqu Lanke Zhiwu Tujian

主　　编：刘　虹　易丽莎　陈绍林

选题策划：王　睿
责任编辑：王　睿
特约编辑：孙　丽
责任校对：李金兰
装帧设计：开动传媒
责任印制：李金兰

出版发行：四川大学出版社有限责任公司
地址：成都市一环路南一段 24 号（610065）
电话：（028）85408311（发行部）、85400276（总编室）
电子邮箱：scupress@vip.163.com
网址：https://press.scu.edu.cn
印前制作：湖北开动传媒科技有限公司
印刷装订：武汉乐生印刷有限公司

成品尺寸：185mm×260mm
印　　张：10
字　　数：148 千字

版　　次：2025 年 6 月 第 1 版
印　　次：2025 年 6 月 第 1 次印刷
定　　价：168.00 元

四川大学出版社
微信公众号

湖北木林子国家级自然保护区兰科植物图鉴

编审委员会

主　编：刘　虹　易丽莎　陈绍林

副主编：吕　璐　王德彬　曾　恒

编　委：詹　鹏　祝文龙　杨耀华
刘　娇　艾廷阳　李　刚
尹　聪　万佳玮　覃　瑞
覃永华　赵婉玉　谭　飞
熊海容　宋发军　王德彬
田八树　张　倩　王　梦
向江坤　韩　巍　杨春宝
陈俊韬　杨　刚　陈向荣
阮建国　邓爱莹　颜诗琪

湖北木林子国家级自然保护区兰科植物图鉴

指导委员会

前　言

湖北木林子国家级自然保护区土地总面积20838hm^2，森林覆盖率为94.38%。保护区自1983年筹建，1988年成为湖北省第一批省级森林和野生动物类型自然保护区之一，2012年1月21日经国务院批准晋升为国家级自然保护区。湖北木林子国家级自然保护区地处中国地势第二级阶梯向第三级阶梯的过渡地带，属中亚热带，南与南亚热带相连，群山起伏，地形复杂，北有秦岭、大巴山作为屏障，是第三纪古热带植物的“避难所”之一和生物区系富集区。先后有多所高校的师生和科研单位的专家来此考察，专家们一致认为湖北木林子国家级自然保护区是鄂西南地区现今保存下来的一块难得的中亚热带森林植被区，古老珍稀动植物种类复杂多样，具有重要的保护和科研价值。

兰科（Orchidaceae）植物的形态、习性变异多样，花部结构高度特化，是植物中特化程度最高的类群之一，不仅对研究植物多样性演化和区系地理具有重要的科学价值，而且富有极高的观赏价值和药用价值。全世界兰科植物有近3万个原生种和大量的变种、品种，广泛分布于除两极和极端干旱沙漠地区以外的各种陆地生态系统。中国是世界上兰科植物种类最为丰富的国家之一，兰科植物是生物多样性保护中受到高度关注的类群，全球所有野生兰科植物均被列入《濒危野生动植物种国际贸易公约》（CITES）的保护范围，占该公约中保护植物总数的90%以上，是保护植物中的“旗舰”类型。

湖北木林子国家级自然保护区属于森林和野生动物类型自然保护区，具有典型的中亚热带森林生态系统、自然地理区域和优越的自然条件，为珍稀濒危野生动植物提供了适宜的生存、繁衍等发展环境。2020年，国家林业和草原局开展了湖北省兰科植物资源专项补充调查，此次调查按照我国兰科植物资源专项补充调查工作方案和技术规程的要求，对湖北木林子国家级自然保护区的野生兰科植物进行了基本的摸查工作，了解到其主要分布区域与资源现状，但是保护区内还有很多区域未进行详尽的调查，有些新记录种可能还有待发现。因此在2023年，湖北木林子国家级自然保护区管理局启动了保护区野生兰科植物专项调查工作，此次调查范围覆盖了保护区内的绝大部分核心区、部分缓冲区和实验区，调查轨迹共计35条，总长度达159.53km；设置兰科植物调查样线23条，样线长度达110.69km；在保护区范围内设置野生兰科植物监测样方44个，其中固定样方14个，临时样方30个。通过大量的调查数据，我们对湖北木林子国家级自然保护区野生兰科植物的资源分布有了更深入的了解。

分类系统的变化和物种名称的修订是造成兰科植物鉴别困难的重要原因。随着分析系统学的发展，《中国植物志》（FOC）英文修订版中采用了最新的分子系统学研究成果，许多重要的科属概念被重新界定。根据 APGⅣ系统和Chase等重新界定的兰科植物分类系统，以及金效华等编著的《中国野生兰科植物原色图鉴》，结合近年来分子系统学的部分成果和其他学者的观点，本书整理了湖北木林子国家级自然保护区兰科植物的基本科属分类范畴，共记载兰科植物18属30种（含种下等级），按照兰科植物各属拉丁名顺序依次介绍每个属的特征、种数和在保护区内的分布。本书中收录的兰科植物照片大部分为在湖北木林子国家级自然保护区野生兰科植物专项调查中拍摄的照片，补充了部分在湖北省其他地区拍摄的照片。

在此书即将出版之际，对在湖北木林子国家级自然保护区野生兰科植物专项调查中给予我们资助和帮助的单位以及个人致以崇高的敬意和衷心的感谢！由于编者水平有限，书中恐有错误、疏漏或其他不足之处，敬请各位读者批评指正！

编　者

2024年10月

目　录

1

湖北木林子
国家级自然保护区介绍

湖北木林子国家级自然保护区（简称“木林子自然保护区”）地处武陵山余脉，位于湖北省恩施土家族苗族自治州鹤峰县北部，东经109°59′30″～110°17′58″，北纬29°55′59″～30°10′47″。总面积20838hm²，其中核心区7634hm²，缓冲区5621hm²，实验区7583hm²。主要保护对象为中亚热带山地常绿落叶阔叶混交林生态系统，森林覆盖率为94.38%。湖北木林子国家级自然保护区是鄂西南地区现今保存下来的一块难得的中亚热带森林植被区，古老珍稀动植物种类复杂多样，具有重要的保护和科研价值。木林子自然保护区由于地形复杂，成陆历史悠久，气候类型多样，水热条件优越，生物多样性甚为丰富，是华中地区生物多样性最为富集的地区之一。

1.1　自 然 环 境

1.1.1 地质

地层

湖北木林子国家级自然保护区内地壳在内外营力作用下，露出地表的岩层系沉积岩类及少量由沉积岩变质而成的变质岩，岩浆岩多为侵入体，为数很少。早在古生界沉积时期，区内地壳属于古地中海组成部分，区内地壳受到地史上各大造山运动不同程度的波及，到中三叠世末期，各系地层出路完整，海陆变迁，沧海桑田，历时13.9亿年左右，后经燕山造山运动抬升为黔东褶皱带组成部分，再未被海侵过。

地质构造

①构造分布特征：木林子自然保护区位于新华夏系第三隆起带内，即华夏系湘黔边境隆褶带的北端。由于受长阳东西向构造带的影响，构造线方向呈现往东偏转，同时在总体构造组合形态上带有扭动的迹象，这种构造的特点表现为一系列北东向褶皱和压扭性断裂，构造类型以断褶构造和华夏式褶皱为主。

②褶皱：保护区内主要褶皱为鹤峰复向斜，该复向斜自鹤峰附近分为两支，北支为鹤峰—和尚坪向斜，南支为鹤峰—五里坪向斜，其间为麻泥山背斜。

构造历史分析

木林子自然保护区自雪峰运动进入稳定的地台以来，地壳发展处于较稳定的时期，地壳运动和缓，以振荡运动为主要特色，各时代地层之间，整合或假整合接触。因受早古生代末期加里东运动影响，出现沉积间断，并形成与江南地轴大致平行的东山峰背斜的雏形；由于受到淮阳山字型构造影响，秦岭东西向构造干扰，木林子自然保护区与石门—临湘东西向构造带联合。巴东期后，由于印支运动影响，区内应力场发生转化，主压力为南北挤压，出现近东西向的壶瓶山向斜。燕山及喜马拉雅山运动阶段，前期褶皱进一步强化成形，新华夏、华夏构造体系有所增强。

此外，溶洞层的分布，如出现在海拔1200m处的水平溶洞、出现在海拔1800m处的垂直岩溶，以及新生代形成的夷平面上升到海拔1300m以上，均反映晚新生代以来区域地壳发展以垂直正向活动为主并加剧地貌反差，使山体频频上升，其上升超过1000m，有可能发育牛池、木林子和云蒙山等高峰。断块抬升对牛池、木林子和云蒙山隆起也有一定影响。

地壳运动与地质发展史

木林子自然保护区位于扬子地台的二级构造单元鄂黔台褶带内。保护区内分布有从震旦系到三叠系的地层，在河谷、山麓等低洼处，局部分布有第四系的沉积物。保护区的地质发展史显然与鄂黔台褶带是基本一致的，只是有些小异而已，具体可分为3个发展阶段。

①地槽发展阶段：新元古代早期（约8亿年以前），保护区附近地区处于地槽发展阶段。这些地区被海水淹没，沉积了一套泥沙碎屑沉积物，后经成岩变质而成为以灰绿色、紫红色板岩为主，夹变质砂岩，间有凝灰质砂岩的一套地层。

②地台发展阶段：自震旦纪至中三叠世，保护区处于相对稳定的地台发展阶段。

③地洼发展阶段：晚三叠世以来，扬子地台东受太平洋板块活动的影响，西受特提斯海板块的干扰，在印支期、燕山期和喜马拉雅期发生了强烈的构造活动，既形成了系列的断陷盆地，如郯庐断裂带以东的怀宁、宁芜、溧阳等断陷盆地，又有大规模的岩浆喷发和侵入，如浙西的安山岩、流纹岩喷发，江南古陆上的花岗岩侵入等。而在保护区内，则表现为在燕山期和喜马拉雅期，地层发生强烈褶皱，形成了一些背斜、向斜和断层，如鹤峰复向斜等。同时地壳也在相对间歇性地不断抬升，保护区缺失从侏罗系到第三系的地层，且由于差异升降，流水下切作用强烈，在河沟、山谷、山麓等低洼处，沉积了第四系冰川相、河湖相、冲积相的砾石层、砂层、黏土层等。

1.1.2 地貌形成及特征

主要地貌

湖北木林子国家级自然保护区海拔幅度为600～2098.1m，群峰起伏，层峦叠嶂，所有山地均属云贵高原武陵山脉北支脉尾部地带。地势由西北和东南向中间逐渐倾斜。海拔1500m以上的山峰有20余座，其中牛池主峰海拔2098.1m，云蒙山主峰海拔2054.5m，木林子主峰海拔1989.9m，这些主峰附近区域高程多在1500m以上，在百鸟坪—罗龙大包一线，高程在1300m以下。因此，保护区内山峰林立，坡陡谷深，形成许多峭壁悬崖，高山有埫、坪，河谷有陡坡，间有石柱。剑峰矗峙，翠谷清溪，银滩碧流，石灰岩构成众多溶洞，洞中多潜流潴渊，或外泄成涧泉，或悬岭为飞瀑。

新构造运动与地貌发育

保护区内新构造运动较为强烈，主要表现为地壳的大幅度抬升，同时因抬升幅度的差异，还产生了一些由地块之间的断裂、错位反映出来的活动断层。因山体抬升至今尚未止息，故以幼年期地貌最为普遍，主要表现为或由多级夷平作用形成高山陡岭，或由河流下切形成幽深峡谷，或由差异性抬升而派生出断层。

1.1.3 气候

气候特征

木林子自然保护区地处中亚热带，区内皆山，地形复杂，山系属武陵山脉石门支脉，为大陆性季风湿润气候。其气候特点是雨热同季，时空分布不均，春夏季雨水多于秋冬季，春秋季多阴雨，夏季降水量大，冬季降水量小，雾多，蒸发量小，湿度大。地表高低悬殊，切割深，立体气候显著，低山温润，中高山温和，高山温凉。春季平均90天，由低山到高山逐渐增多。夏季平均45天，由低山到高山逐渐减少。秋季平均76.3天，由低山到高山逐渐增加。冬季平均153.3天，由高山到低山逐渐减少。历年平均气温随地势变化，从河谷到低山、中高山、高山依次递减。海拔每上升100m，气温下降0.61℃，1月最冷，7月最热。历年极端最高气温：低山40.7℃，中高山35℃，高山30.2℃。历年极端最低气温：低山-10.1℃，中高山-10.5℃，高山-22.1℃ 。

气候要素

①日照：保护区年总辐射量为87～90kcal/cm^2，低山87kcal/cm^2，中高山90kcal/cm^2；年平均日照时数为低山1253h，中高山1342h。

②气温：保护区年平均温度为15.5℃，最冷月（1月）平均温度为4.6℃，最热月（7月）平均温度为26℃，年较差为21.4℃，极端最低温度为-4.9℃；全年有效积温（≥10℃）约为4925.4℃；无霜期270～279天。

③降水：保护区内年平均降水量1733.7m，季节分配稍有不均，其中4—9月降水量占全年降水量的78.1%。

④湿度和蒸发量：保护区年平均相对湿度为82%，除降水相对较少的1—3月的相对湿度分别为77%、78%、79%外，其他月份的相对湿度均在80%以上。年蒸发量仅为1016mm，降水量为蒸发量的1.71倍。

⑤风：保护区内地形复杂，一般以静风为主，其次是西南风，平均风速较小。但遇恶劣天气，也伴有大风出现，一般都为雷雨大风和寒潮大风。鹤峰县城郊的容美镇历年最大

风速达15m/s，全年平均风速为0.8m/s，风向为东北向。

气象灾害

木林子自然保护区主要气象灾害有春秋连阴雨、旱灾、冰雹、暴雨（洪涝）、冰冻、风灾等，个别年份对农业、林业、特产、交通及其他方面造成灾害，在保护区内，特别是在下坪区会造成较大的影响。

1.1.4 水文

地表水

木林子自然保护区所在区域大部分属长江流域澧水水系，东北部分属长江流域清江水系，保护区内主要河流有溇水河、咸盈河等。

溇水河是澧水的支流，发源于鄂西山地西南岭北坡，于湖南张家界慈利县汇入澧水，全长250km，总落差388m，河道平均坡降2.11‰。溇水河在保护区内长32km，主要是其上游河段，即源头到两河口段，河谷开展，平坝、台地沿河展布。

咸盈河发源于鹤峰县芦草坪，流经金鸡口，北至巴东县桃符口注入清江。咸盈河在鹤峰县境内流程31km，流域面积232.23km^2，出口处流量9.6m^3/s，年径流总量2.35×10^{8}m^3，落差1416m，沿岸地势险要，滩多流急。咸盈河在保护区内长约14km。

地下水

木林子自然保护区内石灰岩分布面积较大，暗河、泉流较多。暗河主要分布在溇水河各级支流中，由高山岩溶地表径流渗入地下形成暗河，大都在低山一带又成暗泉涌出；泉流主要有白水沟泉流，枯水流量约0.3m^3/s，具有流量稳定、四季不断、落差较大的特点。

1.1.5 土壤

根据我国土壤地理分区，木林子自然保护区内按土壤划分为黄棕壤、棕壤、黄壤几个大区。1982年鹤峰县经查实有10个土类，23个亚类，65个土属，169个土种；保护区土壤可分为7个土类，19个亚类，56个土属，151个土种。主要土壤为黄棕壤和棕壤，pH值一般在4.5～6.5之间。保护区内土壤分布的垂直带谱非常明显，随着海拔升高依次出现黄红壤带、黄壤带、黄棕壤带、棕壤带。

木林子自然保护区风光

山脉风光

山顶风光

1.2 植 物 资 源

1.2.1 植物区系

植物种类

湖北木林子国家级自然保护区共有维管植物2689种（包括种下分类群及重要的栽培种），隶属于203科918属。其中，蕨类植物35科76属283种；种子植物168科842属2406种（其中裸子植物7科17属26种，被子植物161科825属2380种）。木林子自然保护区维管植物科、属、种数量分别占湖北省维管植物科、属、种总数的82.86%、62.58%、43.49%。

蕨类植物资源

按秦仁昌于1978年提出的中国蕨类植物分类系统，木林子自然保护区及其周边地区有蕨类植物35科76属283种（内含10变种3变型），分别占湖北省蕨类植物科、属、种总数的77.78%、67.86%、53.20%，保护区蕨类植物十分丰富。根据湖北省内相关报道，木林子自然保护区蕨类植物种数仅比神农架国家级自然保护区的稍少，而多于其他自然保护区，可见其蕨类植物丰富程度。

①区系组成。

科的组成统计表明，含16种及以上的大科有鳞毛蕨科Dryopteridaceae（63种）、水龙骨科Polypodiaceae（51种）、蹄盖蕨科Athyriaceae（30种）、铁角蕨科Aspleniaceae （19种）、卷柏科Selaginellaceae（16种）共5科，占总科数的14.29%。这种情况与中国蕨类植物优势科的排序基本一致，不同的是中国蕨类植物的第二大科蹄盖蕨科在保护区降为第三位，而代之以热带性大科水龙骨科，这反映了木林子自然保护区蕨类植物的热带性质。保护区内蕨类植物含6种以上的科（即中等科和大型科）共10科，包括44属222种，占总属数的57.89%、总种数的78.45%。这10个优势科均为世界性的大科，其中的金星蕨科Thelypteridaceae、裸子蕨科Hemionitidaceae、膜蕨科Hymenophyllaceae同水龙骨科一样，反映了木林子自然保护区蕨类植物区系具有一定的热带色彩。

属的组成统计表明，含16种及以上的大属有鳞毛蕨属*Dryopteris*（31种）、铁角蕨属*Asplenium*（19种）、卷柏属*Selaginella*（16种）、耳蕨属*Polystichum*（16种）4属，占总属数的5.26%。含6种以上的属（即中等属和大属）只有13属，仅占总属数的17.11%，但含有154种，占总种数的54.42%，其中鳞毛蕨属最多，有31种。这些优势属中的鳞毛蕨属、卷柏属、耳蕨属、蹄盖蕨属*Athyrium*（11种）、凤丫蕨属*Coniogramme*（8种）、复叶耳蕨属*Arachniodes*（8种）、石松属*Lycopodium*（7种）、凤尾蕨属*Pteris*（7种）、贯众属*Cyrtomium*（7种）等多为常绿或落叶阔叶林下的优势成分；以附生为主的铁角蕨属、瓦韦属*Lepisorus*（11种）、石韦属*Pyrrosia*（11种）等植物多生长于沟谷、大路边岩石壁上，极少附生在树干上。单、少种属共63属，占总属数的82.89%，其中有许多古老或原始的类型，这在一定程度上证明木林子自然保护区蕨类植物区系起源比较古老，但这2个类型的属仅含129种，只占总种数的45.58%。

从木林子自然保护区蕨类植物属、种的组成数量来看，属、种数量之和较多的是鳞毛蕨科（5属63种）、水龙骨科（12属51种）、蹄盖蕨科（11属30种），这3科共占总属数的36.84%、总种数的50.88%，是保护区蕨类植物区系的主要组成部分，并以鳞毛蕨属（31种）、耳蕨属（16种）、蹄盖蕨属（11种）等为主要代表，这3个属的种数占总种数的20.49%。此外，蕨类植物单种科（10科，占总科数的28.57%）、单属科（23科，占总科数的65.71%）和单种属（33属，占总属数的43.42%）的比例都比较高，由此可见，木林子自然保护区单种科、单属科和单种属十分丰富，其中有许多古老或原始的类型，表明该保护区地质年代起源古老，保留了许多古老孑遗物种。

木林子自然保护区一隅

木林子自然保护区植被

②地理成分。

科的地理成分分析表明，木林子自然保护区的蕨类植物除世界广布科（9科）外，分布中心涉及热带的科所占比例较高，有20科，占总科数的57.14%（总科数扣除世界广布科数则占76.92%），分布中心涉及温带的科仅6科，占总科数的17.14%（总科数扣除世界广布科数则占23.08%），这在一定程度上反映出该保护区蕨类植物热带、亚热带起源的特征，以及亚热带成分在该区系的主导地位。因此，木林子自然保护区蕨类植物科的地理成分以亚热带成分为主，而温带成分也有不容忽视的地位。

属的地理成分分析表明，木林子自然保护区的蕨类植物属共分11个分布区类型，缺乏温带亚洲分布，地中海区、西亚至中亚分布，中亚分布和中国特有分布4个类型。除去世界分布属12属（含92种）后，热带分布属有42属（含110种），占总属数的65.63%（占总种数的57.59%）；温带分布属22属（含81种），占总属数的34.38%（占总种数的42.41%）。可见木林子自然保护区蕨类植物中，热带分布属占绝大多数，是该地区的最主要分布类型。除去世界分布属12属（含92种）后，从11个分布区类型的属、种数量看，泛热带分布属（16属，占总属数的25%）、种（44种，占总种数的23.04%）均最多，列第一位；热带亚洲分布属（14属，占总属数的21.88%）、种（39种，占总种数的20.42%）次之，排第二位；东亚分布属（9属，占总属数的14.06%）、种（38种，占总种数的19.90%）和北温带分布属（9属，占总属数的14.06%）、种（28种，占总种数的14.66%）分别居第三位和第四位。由此可见，木林子自然保护区蕨类植物属的地理成分以热带和亚热带成分占优势，而温带成分也占有重要地位。

种子植物资源

裸子植物按郑万钧系统、被子植物按哈钦松系统，木林子自然保护区共有种子植物168科842属2406种，分别占湖北省种子植物总科数的84%，总属数的62.14%，总种数的42.58%；占全国种子植物总科数的47.06%，总属数的27.16%，总种数的9.71%。保护区的种子植物按照野生种和栽培种划分，包括栽培植物135种、野生植物2271种；按照裸子植物和被子植物划分，包含裸子植物7科17属26种，被子植物161科825属2380种。与湖北省其他自然保护区比较，木林子自然保护区种子植物区系十分丰富，种数仅次于神农架国家级自然保护区，而远远高于湖北省其他国家级自然保护区。

原始森林

溪水

①科的组成与地理成分。

科的组成：单种科共27科，占总科数的16.07%，有不少是古老孑遗类型，为本区系原始和古老性的重要标志；寡种科（2～10种）最多，有78科，占总科数的46.43%；含11～20种的中等科有30科，占总科数的17.86%；含21～50种的较大科有23科，占总科数的13.69%；含50种以上的大科有10科，占总科数的5.95%，包括菊科Asteraceae（70/174，表示属/种数，下同）、蔷薇科Rosaceae（29/131）、唇形科Lamiaceae（31/84）、毛茛科Ranunculaceae（18/82）、百合科Liliaceae（25/75）、禾本科Poaceae（43/71）、蝶形花科Papilionaceae（39/70）、兰科Orchidaceae（31/62）、伞形科Apiaceae（28/57）、樟科Lauraceae（10/53）。

科的地理成分：根据吴征镒（2003）世界种子植物科的分布区类型系统，木林子自然保护区野生种子植物162科有11个分布区类型，缺乏热带亚洲至热带非洲分布科及其变型，温带亚洲分布科，地中海区、西亚至中亚分布科及其变型和中亚分布科及其变型。

②属的组成与地理成分。

属的组成：木林子自然保护区种子植物共有842属（包括65个栽培属），其中，单种属404个，寡种属（2～10种）408个，中等属（11～20种）25个，较大属（21～50种）5个，即悬钩子属*Rubus*（37种）、蓼属*Persicaria*（32种）、铁线莲属*Clematis*（28种）、冬青属*Ilex*（25种）、槭属*Acer*（21种），无50种以上的特大属。

属的地理成分：根据吴征镒（1991）中国种子植物属的分布区类型系统，木林子自然保护区野生种子植物777属可划分为15个类型。其中，世界分布属59属，占总属数的7.59%；热带分布属265属，占总属数的34.11%；温带分布属416属，占总属数的53.54%；中国特有分布属37属，占总属数的4.76%。种子植物属的地理成分以温带属占优势。

③区系特点。

木林子自然保护区种子植物区系是中国植物区系的重要组成部分，是武陵山脉植物区系的核心部分。木林子自然保护区物种丰富，既是许多古老属种的保存地，又是现代植物区系的重要分化场所，还是东西和南北植物多样性流动的通道和重要节点。壳斗科、桦木科、山茱萸科、胡桃科、清风藤科、槭科等为该区系的优势科。该区系特点如下：

种类丰富，成分复杂。木林子自然保护区共有种子植物168科842属2406种（包括种下分类群及重要的栽培种），是湖北植物区系最为丰富的地区之一；具有中国种子植物属的全部（15个）分布区类型，各种地理成分相互渗透，许多变型在该保护区也可以找到。这充分说明该保护区植物种类丰富、植物区系地理成分复杂，与世界各区的联系比较广泛。

植物区系具有古老、残遗的性质。木林子自然保护区集中了许多古老和原始的科、属，也包含大量的单型属和少型属，是我国第三纪植物区系重要保存地区之一。

含有较多的特有成分和狭域种。中国特有科共4科，木林子自然保护区有杜仲科和银杏科2科（包括狭义的珙桐科则为3科）；中国种子植物特有属有257属，木林子自然保护区有37属，占比14.40%，其中华中地区特有属11属。初步研究发现，木林子自然保护区及周边还有一些特有种和湖北省狭域种。如鹤峰铁线莲*Clematis armandii* var. *hefengensis*、疏花开口箭*Rohdea chinensis*和普洱毛鳞菊*Melanoseris henryi*是该保护区特有种；该保护区是宽萼野海棠*Bredia latisepala*和大花鼠李*Rhamnus grandiflora*在湖北省唯一的分布区。

珍稀濒危保护植物丰富。木林子自然保护区有国家重点保护野生植物28种，其中国家一级保护野生植物6种，国家二级保护野生植物22种，并且集中分布在黑湾、大沙湾、厂湾、云蒙山一带，它们受人为干扰较小，大多处于原始状态。此外，保护区还有被列入《濒危野生动植物种国际贸易公约》附录（2007版）的植物72种（附录Ⅱ71种、附录Ⅲ1种）；被列入《世界自然保护联盟濒危物种红色名录》的植物33种（极危1种、濒危8种、易危15种、近危或低危/接近受危9种）；被列入《中国物种红色名录》（2004）的植物109种（濒危7种、易危58种、近危44种）。由此可见，木林子自然保护区是武陵山地区珍稀濒危植物的重要分布中心。

植物区系具有明显的温带性质，并含有较丰富的热带成分。据野生种子植物777属的分布区类型分析，各类温带性质的属有416属，占总属数的53.54%；各类热带性质的属有265属，占总属数的34.11%。其中，北温带分布属162属，占总属数的20.85%，居第一位；东亚分布属122属，占总属数的15.70%，居第二位；泛热带分布属110属，占总属数的14.16%，居第三位。这三大分布区类型的属对木林子自然保护区植物区系的形成具有重要意义。植物区系具有明显的温带性质，有典型的中亚热带向北亚热带过渡的特点，是热带和温带地区植物区系重要的交汇地区。

1.2.2 珍稀濒危保护植物

保护类别及数量

木林子自然保护区有被列入国际公约或国家保护的珍稀濒危植物共153种，其中有76种属于中国特有分布种。

①国家重点保护野生植物：木林子自然保护区有国家重点保护野生植物28种，占湖北

省总数51种的54.90%。其中，一级有红豆杉*Taxus chinensis*、南方红豆杉*Taxus chinensis* var. *mairei*、伯乐树*Bretschneidera sinensis*、珙桐*Davidia involucrata*、光叶珙桐*Davidia involucrate* var. *vilmoriniana*和银杏*Ginkgo biloba* 6种，二级有金毛狗*Cibotium barometz*、篦子三尖杉*Cephalotaxus oliveri*、黄杉*Pseudotsuga sinensis*、巴山榧*Torreya fargesii*、连香树*Cercidiphyllum japonicum*、闽楠*Phoebe bournei*、楠木*Phoebe zhennan*、野大豆*Glycine soja*、花榈木*Ormosia henryi*、红豆树*Ormosia hosiei*、鹅掌楸*Liriodendron chinense*、厚朴*Magnolia officinalis*、凹叶厚朴*Magnolia officinalis* var. *biloba*、峨眉含笑*Michelia wilsonii*、水青树*Tetracentron sinense*、红椿*Toona ciliata*、毛红椿*Tonna ciliata* var. *pubescens*、喜树*Camptotheca acuminata*、金荞麦*Fagopyrum dibotrys*、香果树*Emmenopterys henryi*、川黄檗*Phellodendron chinense*、崖白菜*Triaenophora rupestris* 22种。

②《濒危野生动植物种国际贸易公约》附录植物：木林子自然保护区被列入《濒危野生动植物种国际贸易公约》附录（2007版）的植物有72种，其中附录Ⅱ有兰科植物（62种）、大戟科大戟属植物（8种）、金毛狗等共71种，附录Ⅲ有水青树1种。

③《世界自然保护联盟濒危物种红色名录》植物：木林子自然保护区被列入《世界自然保护联盟濒危物种红色名录》（2006）的植物有33种，其中极危1种，即大花石斛*Dendrobium wilsonii*；濒危8种，即银杏、伯乐树、峨眉含笑、南方山荷叶*Diphylleia sinensis*、华榛*Corylus chinensis*、马蹄香*Saruma henryi*、湖北凤仙花*Impatiens pritzelii* var. *hupehensis*等；易危15种，即光叶珙桐、黄杉、篦子三尖杉、楠木、穗花杉*Amentotaxus argotaenia*、川八角莲*Dysosma veitchii*、八角莲*Dysosma versipellis*、水青冈*Fagus longipetiolata*、大叶细辛*Asarum maximum*、长瓣短柱茶*Camellia grijsii*、软刺卫矛*Euonymus aculeatus*、瘿椒树*Tapiscia sinensis*、楤木*Aralia chinensis*、白辛树*Pterostyrax psilophylla*、秦岭藤*Biondia chinensis*；近危或低危/接近受危9种，即鹅掌楸、厚朴、连香树、闽楠、红豆树、侧柏*Platycladus orientalis*、山白树*Sinowilsonia henryi*、杜仲*Eucommia ulmoides*、金钱槭*Dipteronia sinensis*。

④《中国物种红色名录》植物：木林子自然保护区被列入《中国物种红色名录》（2004）濒危物种评价体系的植物有109种，其中濒危种有银杏、峨眉含笑、黄花白及*Bletilla ochracea*、独花兰*Changnienia amoena*、大花石斛等，易危种有红豆杉等58种，近危种有香果树等44种。

分布特点

①珍稀濒危保护植物分布具有华中区系成分典型代表性：木林子自然保护区植被类型丰富、复杂而又有原始的区系成分，由多种古老、孑遗、珍稀树种集中分布形成的稀有珍贵树种群落，显示了华中区系成分的典型代表性。木林子自然保护区是北温带区系的起源、分化和扩散中心的重要组成部分之一。

②珍稀濒危植物分布具有群聚性，构成稳定群落：木林子自然保护区珍稀树种群落有珙桐、光叶珙桐、水青树、连香树、鹅掌楸、白辛树、伯乐树、红豆杉、南方红豆杉等。特别是保护区伯乐树资源比较丰富，是该分布区最北缘的典型代表，其形成的共优群落在湖北省为首次发现，在全国也十分罕见，具有很大的保护和科研价值。木林子自然保护区还是湖北省水青树的主要分布区，水青树在保护区黑湾、厂湾等沟谷中常见，种群结构稳定，其群落在湖北省仅见于神农架国家级自然保护区，在全国也不多见。

③物种多样性极为丰富：在保护区核心区的黑湾一处沟谷中发现珍贵树种群落，该群落由250多种维管植物组成，其中乔木60余种，灌木和藤木植物90多种，草本植物100余种。在此珍贵树种群落中，发现较多的珍稀濒危植物，其中包括珙桐7株、白辛树2株，以及较多的红椿、银鹊树、白花湖北木兰等树种。

④种群分布具有脆弱性：在木林子自然保护区书房岭北西向坡上共发现南方红豆杉46株，其中大树1株，胸围为2.62m，胸径在10cm以上的也有不少，幼树更多。但是没有发现一个年龄结构比较完整的种群，大部分个体都是散生的。红豆杉多分布在房前屋后、田边地角、林缘或者小片杉木林中。在黄家营附近分布有红豆杉大树5株，在其中最大的一株附近的树林中，100m^2的范围内统计到红豆杉幼树约200株，其中胸径超过5cm的约有10株，但破坏严重。珍稀植物种群分布的脆弱性，反映出保护的迫切性。

1.2.3 森林资源

①林分总面积及蓄积：根据鹤峰县森林资源二类调查（1985年）统计，木林子自然保护区林分总面积20167.2hm^2，总蓄积量89.459371万m^3。林分以天然林为主，天然林面积18875.1hm^2，蓄积量85.635971万m^3，占总蓄积量的95.73%；人工林面积1292.1hm^2，蓄积量38234m^3，占总蓄积量的4.27%。

②林分面积及蓄积按龄组情况：森林面积、蓄积按龄组统计显示，幼龄林面积3751.1hm^2，占林分总面积的18.60%；中龄林面积11257.9hm^2，蓄积量50.588771万m^3，分别占

林分总面积的55.82%和总蓄积量的56.55%；近熟林面积3618.8hm²，蓄积量22.844342万m³，分别占林分总面积的17.94%和总蓄积量的25.54%；成熟林面积1334.7hm²，蓄积量13.249462万m³，分别占林分总面积的6.62%和总蓄积量的14.81%；过熟林面积204.7hm²，蓄积量27767.96m³，分别占林分总面积的1.02%和总蓄积量的3.10%。整个保护区林龄结构中，以中龄林优势最为明显，其次为近熟林，说明保护区森林生命力旺盛。此外，还有一定面积和蓄积的成熟林和过熟林，说明保护区的原始性比较好。

③林分面积及蓄积按林型情况：针叶林面积3571.2hm²，蓄积量15.649478万m³，分别占林分总面积的17.71%和总蓄积量的17.49%；阔叶林面积10905.5hm²，蓄积量50.862402万m³，分别占林分总面积的54.08%和总蓄积量的56.86%；针阔混交林面积5690.5hm²，蓄积量22.947491万m³，分别占林分总面积的28.22%和总蓄积量的25.65%。林分单位面积平均蓄积量为44.4m³/hm²，其中，针叶林为43.8m³/hm²，阔叶林为46.6m³/hm²，针阔混交林为40.3m³/hm²。

④林分面积及蓄积按优势树种情况：保护区优势林分为阔叶林和针叶林，阔叶林包括钩栲林、青冈林、水青冈林、栎类林、桦木林、珙桐林和白辛树林等，面积相对较大，蓄积量较多；针叶林主要为杉木林、红豆杉林、马尾松林和日本落叶松林等。其中，蓄积量排在前5位的优势树种分别是杉木（17.129488万m³）、桦木（75782m³）、青冈（71884m³）、丝栗栲（63458m³）和栎类（58088m³），它们的蓄积量合计为44.050688万m³，占总蓄积量的49.24%。

1.2.4 重要资源植物

由于资源植物，特别是药用资源植物极为丰富，木林子自然保护区成为湖北省资源植物最丰富的地区之一。

在形形色色的资源植物中，有许多都是有重要经济价值的资源植物，如食用植物（淀粉植物、保健饮料植物、食用油脂植物、饲料植物、蜜源植物、野生蔬菜、食用添加剂植物）、药用植物（中草药植物、有毒植物）、工业用植物（纤维植物、工业用油脂和胶类植物、鞣料植物、经济昆虫寄主植物等）、环境资源植物（防风固沙类、水土保持类、环境指示植物、环境监测和抗污染植物、改良土壤植物、观赏植物等）等。

据初步考察，木林子自然保护区山茱萸科山茱萸属*Cornus*种类非常丰富，共有灯台树*Cornus controversa*、毛梾*Cornus walteri*、梾木*Cornus macrophylla*、小梾木*Cornus quinquenervis*、灰叶梾木*Cornus schindleri* subsp. *poliophylla*、光皮梾木*Cornus wilsoniana*等6

种。其中，毛梾和梾木资源非常丰富，它们都是优良的油脂植物，在保护区广布，但在海拔800～1800m处比较集中，常构成优势种或建群种。经目测，一般单株鲜果产量在30kg左右，高产达到100kg。它们是值得开发利用的重要资源植物。

1.2.5 自然植被

根据《中国植被》一书确定的植物群落生态学分类原则，将木林子自然保护区自然植被划分为3个植被型组，7个植被型，34个群系。

木林子自然保护区海拔范围在600～2098.1m之间，海拔1300m以下的自然植被已遭到不同程度的破坏，仅在局部地段残存有小块原生性森林。在中亚热带山地海拔1300～2098.1m的范围内出现的原生性森林中，落叶阔叶树种明显增多，常绿阔叶树种也与低海拔处的种类明显不同。在木林子自然保护区内，自然植被分布的垂直带谱中亚热带山地常绿落叶阔叶混交林占重要地位。其垂直带谱如下：

①常绿阔叶林带（海拔1300m以下）。主要以钩栲林为代表。常见的常绿树种有壳斗科的丝栗栲、钩栲，樟科的楠木等。组成乔木层的尚有落叶树种枫香和化香；灌木层主要是山茶科的尖连蕊茶、细枝柃，忍冬科的荚蒾，蝶形花科的胡枝子，桑科的异叶榕等树种。从群落结构和树种组成看，都具有较明显的中亚热带常绿阔叶林的特性。马尾松林、杉木林也包含在这一基带内。

②常绿落叶阔叶混交林带（海拔1300～2000m）。常绿落叶阔叶混交林占优势，有锥栗＋木荷林，亮叶水青冈＋细叶青冈林，鄂枫杨＋白辛树＋细叶青冈林，曼青冈＋白辛树＋红柴枝林，珙桐＋曼青冈林等15个群系，形成季相变化明显的背景。在此背景中又点缀一些其他类型，如离散分布的细叶青冈林、木荷林等常绿阔叶林，鹅掌楸林、檫木林、灯台树林，以及光叶珙桐林等落叶阔叶林。此外，在海拔1800～1920m的地段还有由铁杉和阔叶树组成的小面积的温性针阔叶混交林。事实上，此带有多种植被类型镶嵌分布，但以常绿落叶阔叶混交林为主。此带是木林子自然保护区植被的主体和精华，既具亚热带植被的特点，又具温带植被的特点，而且还蕴藏着大量的珍稀植物以及由它们组成的群落，如鹅掌楸、珙桐、光叶珙桐、水青树、连香树、白辛树、伯乐树等组成的群落均分布在此带。

常绿落叶阔叶混交林

③山顶矮曲林带（海拔2000～2098.1m）。此带海拔较高，常年多雾、多风，日温差较大，林内苔藓植物丰富，典型类型为麻花杜鹃林。此外，沿厂湾、黑湾至主峰脊还分布有较大面积的细叶青冈矮林，这一类型可作为细叶青冈常绿阔叶林在山顶高海拔生境中出现植株矮化现象而产生的生态变型，是物种的生态适应性和生境共同作用的结果。细叶青冈矮林是木林子自然保护区的特色植被类型，在湖北省其他自然保护区罕见。

山顶矮曲林

此外，在海拔1400m以下还有檫木幼林及檫木、柳杉混交幼林，这属于半自然林，可以不算在自然植被之列。在海拔1700m左右的地方，还有一定面积的华中山柳灌丛，在海拔1300m以下亦有五节芒灌草丛，这些都是原生植被被破坏、遭受反复砍樵而产生的次生类型，是不稳定的群落。

1.3 木林子自然保护区植物资源研究概况

木林子自然保护区植物资源的调查研究源自20世纪80年代初期。先后有中国科学院武汉植物园、华中师范大学、恩施土家族苗族自治州林业局、华中农业大学、复旦大学、中南民族大学、湖北民族大学、三峡大学、湖北省林业科学研究院、中国地质大学（武汉）的50多位专家赴木林子自然保护区进行过蕨类植物和种子植物区系、植被、珍稀濒危保护植物等方面的研究，发表论文（著作）20多篇（本）。

1979—1984年，中国科学院武汉植物研究所（现中国科学院武汉植物园）的王映明、金义兴、许天全等到木林子自然保护区开展植被和珍稀植物资源调查，并发表论文。

1981年，华中师范学院（现华中师范大学）生物系的谭景燊教授和班继德教授带领蒙显星、宋建中等对木林子植被进行考察，发现木林子具有较多的珍稀濒危植物，并建议当地政府成立自然保护区加以保护。1982—1984年，鄂西州林业局副局长陈覃清牵头组织科技人员对木林子自然保护区植物资源进行系统调查，历时2年时间。此次调查，采集植物标本1000余号，近3000份，设立样方30多个，拍摄照片120多张；初步分析，木林子自然保护区有维管植物143科457属914种，其中蕨类植物20科33属68种，裸子植物6科12属18种，被子植物117科412属828种。调查成果汇编成《木林子保护区自然植被》，根据这些调查结果，恩施地区行署于1983年4月批建占地面积为2133hm²的木林子县级自然保护区。

1987年6月，华中师范大学生物系研究生李博（现复旦大学教授）完成硕士学位论文《鄂西木林子自然保护区自然植被的研究》，后与班继德共同发表研究论文。该文将保护区自然植被划分为6个植被型，24个群系，27个群丛。1988年6月，华中师范大学生物系学生宋建中完成硕士学位论文《鄂西木林子自然保护区种子植物区系的初步分析》。该文记录木林子自然保护区种子植物1043种，隶属于134科488属。此外，他们还联合发表了多篇论文。

1991年6月，华中师范大学生物系研究生严兴初对木林子自然保护区蕨类植物进行了专项调查，采集标本164号，并结合前人的研究资料，报道木林子自然保护区蕨类植物有32科64属186种，其中湖北省新记录属1个，湖北省新记录种23个。他于1991年6月完成硕士学位论文《鄂西木林子自然保护区蕨类植物研究》，1995年与陈星球发表了论文《鄂西木林子自然保护区蕨类植物区系研究》。1995年，湖北民族学院（现湖北民族大学）严昌睿和丁莉对木林子自然保护区植物区系和植物群落多样性进行了研究；1997—1998年，湖北三峡学院（现三峡大学）贺昌锐和陈芳清对木林子自然保护区珍稀植物进行了研究。

2004年11月和2005年8月，湖北省林业科学研究院汤景明到木林子自然保护区开展天然林资源保护及植被恢复调查，并于2006年发表相关论文。2006年，鹤峰县药品检验所洪家祥在重点对木林子自然保护区药用植物资源进行多年调查的基础上，编写了《鹤峰县中草药名录》。

2006年9月，中国地质大学（武汉）生态环境研究所组织专业技术人员，在鹤峰县林业局、湖北木林子国家级自然保护区管理局的积极支持下，对扩大面积后（面积为20838hm^2）的木林子自然保护区的植物资源（重点是植被和珍稀濒危保护植物资源）进行了补充调查，并就有关文献资料进行了复核查证。

此外，还有一些学者如陶光复、王文采、包满珠、郑小江、刘松柏、罗世家、万定荣等的研究涉及木林子自然保护区的植物资源。

2020年6月，国家林业和草原局野生动植物保护司启动了“湖北省兰科植物资源专项补充调查”，湖北省野生动植物保护总站委托中南民族大学开展为期一年的调查工作，其间发现湖北木林子国家级自然保护区的兰科植物资源非常丰富，但是保护区内还有很多区域未进行详尽的调查，有些新记录种可能还有待发现。因此在2023年，湖北木林子国家级自然保护区管理局启动了保护区野生兰科植物专项调查工作，此次调查基本摸清了湖北木林子国家级自然保护区内兰科植物资源的物种多样性及其分布情况；开展并完成了湖北木林子国家级自然保护区兰科植物濒危状况评估；对保护区内核心区和重点兰科植物类群设置了固定样地开展监测工作，构建监测体系；对保护区内极小种群、狭域种以及濒危等级较高种的兰科植物进行了种质资源收集与保存。

1.4 陆生野生脊椎动物资源

1.4.1 多样性组成及其特征

木林子自然保护区有陆生野生脊椎动物302种，隶属26目75科190属。其中，哺乳纲78种，隶属8目23科53属；鸟纲155种，隶属14目35科98属；爬行纲45种，隶属2目10科29属；两栖纲24种，隶属2目7科10属。

在78种哺乳动物中，东洋界58种，占比74.36%，古北界11种，占比14.10%，广布于东洋和古北两界9种，占比11.54%，东洋界种类占绝对优势。在155种鸟类中，留鸟100种，夏候鸟29种，冬候鸟19种，旅鸟7种；其中，繁殖鸟129种中，东洋界60种，占繁殖鸟总种数的46.51%，古北界40种，占繁殖鸟总种数的31.01%，广布于东洋和古北两界29种，占繁殖鸟总种数的22.48%，由此看出东洋界种类占优势。在45种爬行动物中，东洋界35种，占爬行动物总种数的77.78%，古北界3种，占爬行动物总种数的6.67%，广布于东洋和古北两界7种，占爬行动物总种数的15.56%。在24种两栖动物中，东洋界17种，占两栖动物总种数的70.83%，古北界1种，占两栖动物总种数的4.17%，广布于东洋和古北两界6种，占两栖动物总种数的25%。

1.4.2 珍稀濒危保护动物

在302种陆生野生脊椎动物中，极危、濒危和种群数量长时间不断减少的种类较多，只有极少种类仍保持相对稳定的种群数量。

国家重点保护动物

木林子自然保护区共有国家重点保护动物55种，其中一级5种，即哺乳类4种（云豹、豹、华南虎和林麝），鸟类1种（金雕）；二级50种，即哺乳类10种（猕猴、穿山甲、豺、黑熊、大灵猫、小灵猫、黄喉貂、金猫、鬣羚和斑羚），鸟类38种（褐冠鹃隼、黑冠鹃隼、凤头蜂鹰、黑翅鸢、白头鹞、白尾鹞、鹊鹞、白腹鹞、凤头鹰、赤腹鹰、松雀鹰、雀鹰、苍鹰、灰脸𫛭鹰、普通𫛭、毛脚𫛭、鹰雕、红隼、灰背隼、燕隼、红腹角雉、勺鸡、白冠长尾雉、红腹锦鸡、红翅绿鸠、小鸦鹃、领角鸮、红角鸮、雕鸮、黄腿渔鸮、褐渔鸮、灰林鸮、领鸺鹠、斑头鸺鹠、鹰鸮、纵纹腹小鸮、长耳鸮和短耳鸮），两栖类2种（大鲵和虎纹蛙）。

湖北省重点保护动物

木林子自然保护区共有湖北省重点保护动物82种，其中哺乳类18种（华南兔、红白鼯鼠、棕足鼯鼠、复齿鼯鼠、赤腹松鼠、豪猪、中华竹鼠、貉、赤狐、猪獾、狗獾、鼬獾、黄腹鼬、果子狸、豹猫、小麂、狍和毛冠鹿），鸟类41种，爬行类11种（草绿龙蜥、丽纹龙蜥、脆蛇蜥、玉斑锦蛇、王锦蛇、黑眉锦蛇、滑鼠蛇、乌梢蛇、银环蛇、舟山眼镜蛇和尖吻蝮），两栖类12种（施氏巴鲵、中国小鲵、中华蟾蜍、中国林蛙、泽蛙、黑斑蛙、金线蛙、棘胸蛙、棘腹蛙、双团棘胸蛙、大泛树蛙和斑腿泛树蛙）。

保护区科考（三）

2

木林子自然保护区野生兰科植物资源概况

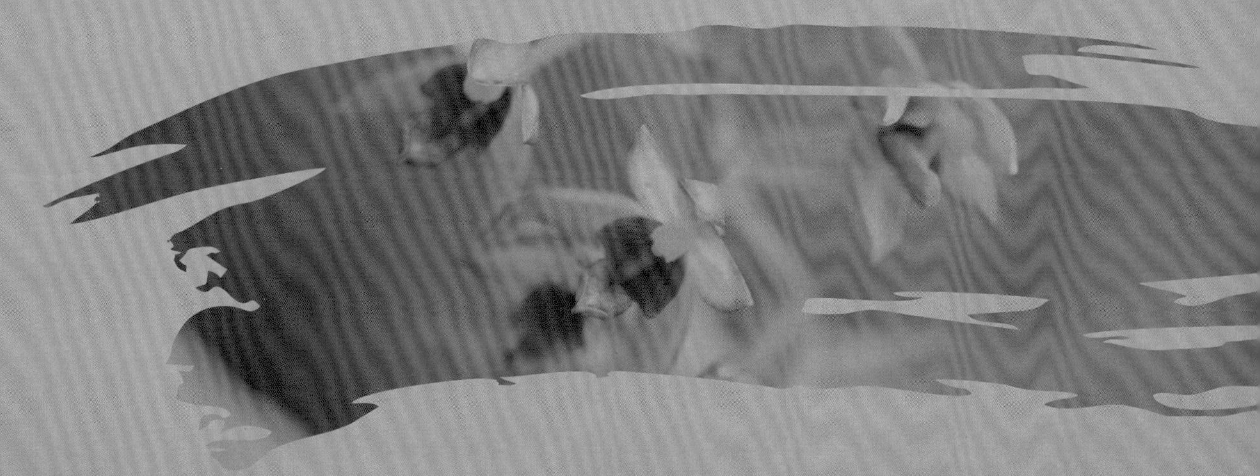

2.1　木林子自然保护区兰科植物调查概述

湖北木林子国家级自然保护区野生兰科植物专项调查范围覆盖了保护区内的绝大部分核心区、部分缓冲区和实验区，涉及保护区内的邬阳、下坪、中营和燕子4个保护管理站，木林子中心、龚家垭、三元、两凤溪、长湾、三家台、朝阳、屏山、咸盈河9个管护点；调查轨迹共计35条，总长度达159.53km；设置兰科植物调查样线23条，样线长度达110.69km；在保护区范围内设置野生兰科植物监测样方44个，其中固定样方14个，临时样方30个。受地形、安全等因素所限，部分区域未能涉及。从此次调查的数据来看，木林子自然保护区的兰科植物种群数量相较之前的调查数据有所提高。

调查的前期，先采用文献查阅、标本查阅等方式了解木林子自然保护区及其周边地区兰科植物的物种多样性及其分布状况。其中，标本馆工作开展分为两种方式：线上通过国家标本资源平台（NSII）记录标本中所包含的兰科植物分布点位，包含中国科学院植物研究所植物标本馆、上海辰山植物标本馆、中国科学院华南植物园标本馆、中国科学院昆明植物研究所标本馆、东北林业大学标本馆、重庆市中药研究院标本馆；线下采取借阅形式，前往中国科学院武汉植物园植物标本馆、华中师范大学生物标本馆查看相关兰科植物标本信息。

除了《中国植物志》《湖北植物志》《武陵山地区维管植物检索表》等文献资料，还查询了国内外文献中记录的湖北省兰科植物物种多样性状况，包括新种的发现和新分布记录；同时在中国植物图像库（PPBC）中搜索鹤峰县兰科植物图像及分布点位，将其中有关木林子自然保护区及其周边区域的兰科植物种类记录下来。

根据APG Ⅳ系统和Chase等重新界定的兰科植物分类系统，结合近年来分子系统学的部分成果和其他学者的观点，《中国植物志》和《湖北植物志》中兰科植物属均发生了一些变动，因此在此次野外调查中，木林子自然保护区兰科植物有以下一些属的变动：旗唇兰属（*Kuhlhasseltia*）并入齿唇兰属（*Odontochilus*），无柱兰属（*Amitostigma*）并入小红门兰属（*Ponerorchis*）。

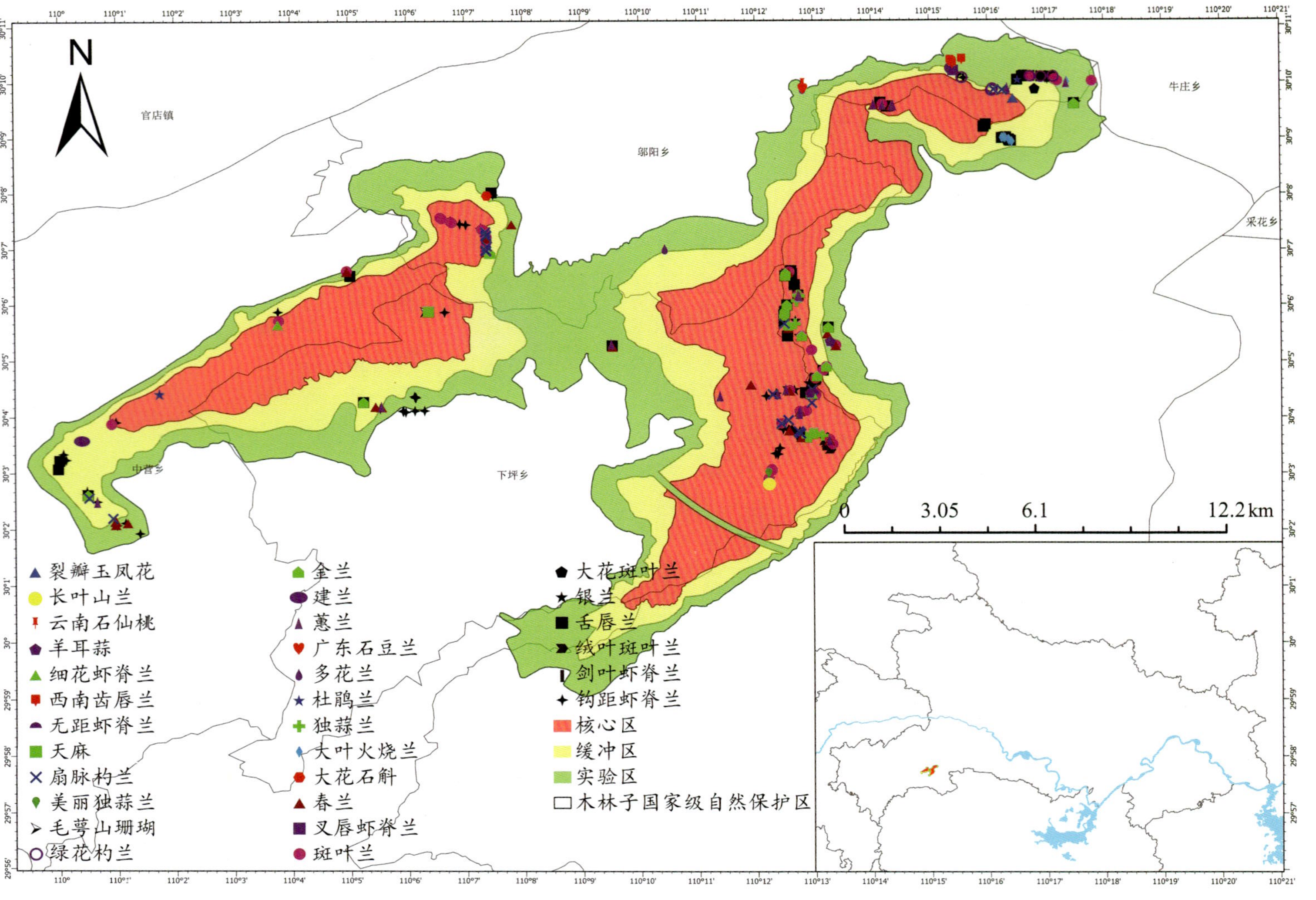

湖北木林子国家级自然保护区野生兰科植物分布图

2.2 木林子自然保护区野生兰科植物属种介绍

根据野外调查记录、拍摄的照片，结合文献资料以及对野外调查的物种进行鉴定，统计木林子自然保护区兰科植物共有18属30种，其中包括湖北省新分布记录种2属3种。

通过此次野外调查发现，木林子自然保护区范围共有30种兰科野生植物，此外，有8种兰科植物分布在木林子自然保护区边界外与保护区生境相似的地区，例如鹤峰县屏山峡谷内。

湖北木林子国家级自然保护区兰科植物名录

编号	属	种		保护区内发现	国家保护级别	濒危等级
1	石豆兰属	广东石豆兰	*Bulbophyllum kwangtungense*	√		LC
2	虾脊兰属	剑叶虾脊兰	*Calanthe davidii*	√		LC
3		钩距虾脊兰	*Calanthe graciliflora*	√		LC
4		叉唇虾脊兰	*Calanthe hancockii*▲	√		LC
5		细花虾脊兰	*Calanthe mannii*	√		LC
6		无距虾脊兰	*Calanthe tsoongiana*▲	√		NT
7	头蕊兰属	银兰	*Cephalanthera erecta*	√		LC
8		金兰	*Cephalanthera falcata*	√		LC
9	杜鹃兰属	杜鹃兰	*Cremastra appendiculata*	√	二级	NT
10	兰属	建兰	*Cymbidium ensifolium*	√	二级	VU
11		蕙兰	*Cymbidium faberi*	√	二级	LC
12		多花兰	*Cymbidium floribundum*	√	二级	VU
13		春兰	*Cymbidium goeringii*	√	二级	VU
14	杓兰属	绿花杓兰	*Cypripedium henryi*	√	二级	NT
15		扇脉杓兰	*Cypripedium japonicum*	√	二级	LC
16	石斛属	大花石斛	*Dendrobium wilsonii*	√	二级	CR
17	火烧兰属	大叶火烧兰	*Epipactis mairei*	√		NT

编号	属	种		保护区内发现	国家保护级别	濒危等级
18	山珊瑚属	毛萼山珊瑚	*Galeola lindleyana*	√		LC
19	天麻属	天麻	*Gastrodia elata*	√	二级	VU
20	斑叶兰属	大花斑叶兰	*Goodyera biflora*	√		NT
21		斑叶兰	*Goodyera schlechtendaliana*	√		NT
22		绒叶斑叶兰	*Goodyera velutina*	√	二级	LC
23	玉凤花属	裂瓣玉凤花	*Habenaria petelotii*	√		DD
24	羊耳蒜属	羊耳蒜	*Liparis campylostalix*	√		LC
25	齿唇兰属	西南齿唇兰	*Odontochilus elwesii* ▲	√		LC
26	山兰属	长叶山兰	*Oreorchis fargesii*	√		NT
27	石仙桃属	云南石仙桃	*Pholidota yunnanensis*	√		NT
28	舌唇兰属	舌唇兰	*Platanthera japonica*	√		LC
29	独蒜兰属	独蒜兰	*Pleione bulbocodioides*	√	二级	LC
30		美丽独蒜兰	*Pleione pleionoides*	√	二级	VU

◆注：1.兰科植物信息来源于《中国植物志》《湖北植物志》《神农架植物大全》以及各标本馆资料、野外调查。▲表示湖北省新分布记录种。

2.濒危等级：CR表示极危；EN表示濒危；VU表示易危；NT表示近危；LC表示无危；DD表示数据缺乏。其他表同理。

石豆兰属 *Bulbophyllum* Thouars

附生草本。根状茎匍匐，少有直立的，具或不具假鳞茎。假鳞茎紧靠，聚生或疏离，形状、大小变化甚大，具1个节间。叶通常1枚，少有2～3枚，顶生于假鳞茎，无假鳞茎的直接从根状茎上发出；叶片肉质或革质，先端稍凹或锐尖、圆钝，基部无柄或具柄。花葶侧生于假鳞茎基部或从根状茎的节上抽出，比叶长或短，具单花或多朵花组成为总状或近伞状花序；苞片通常小；花小至中等大；萼片近相等或侧萼片远比中萼片长，全缘或边缘具齿、毛或其他附属物，侧萼片离生或下侧边缘彼此黏合，或由于其基部扭转上下侧边缘彼此有不同程度的黏合或靠合，基部贴生于蕊柱足两侧而形成囊状的萼囊；花瓣比萼片小，全缘或边缘具齿、毛等附属物；唇瓣肉质，比花瓣小，向外下弯，基部与蕊柱足末端连接而形成活动或不动的关节；蕊柱短，具翅，基部延伸为足；蕊柱翅在蕊柱中部或基部以不同程度向前扩展，向上延伸为形状多样的蕊柱齿；花药俯倾，2室或由于隔膜消失形成1室；花粉团蜡质，4个，形成2对，无附属物。

全属约1000种，分布于亚洲、美洲、非洲等热带和亚热带地区，大洋洲也有。我国有98种和3变种，主要产于长江流域及其以南各省区。

湖北木林子国家级自然保护区分布有石豆兰属植物1种：广东石豆兰*Bulbophyllum kwangtungense*。

（1）广东石豆兰 *Bulbophyllum kwangtungense*

国家保护级别	CITES附录	濒危等级	极小种群物种
		LC无危	

【形态特征】根状茎径约2mm，假鳞茎疏生，直立，圆柱形，顶生1枚叶。叶长圆形，长约2.5cm，先端稍凹缺。花白色或淡黄色；萼片离生，披针形，长0.8～1cm，中部以上两侧内卷，侧萼片比中萼片稍长，萼囊不明显；花瓣窄卵状披针形，长4～5mm，宽约0.4mm，全缘；唇瓣肉质，披针形，长约1.5mm，宽0.4mm，上面具2～3条小脊突，在中部以上合成1条较粗的脊；蕊柱足长约0.5mm，离生部分长约0.1mm；蕊柱翅牙齿状，长约0.2mm，几无柄。

【物候期】花期6—7月，果期8—9月。

【分布】产自浙江、福建、江西南部至西部、湖北、湖南西南部（洞口）、广东、香港、广西中部至北部、贵州东南部（榕江）、云南东南部。木林子自然保护区分布：邬阳站三园村小三峡外围。

【生境】通常生于海拔约800m的山坡林下岩石上。

虾脊兰属 *Calanthe* R. Br.

地生草本。根圆柱形，细长而密被淡灰色长绒毛。根状茎有或无。假鳞茎通常粗短，圆锥状，少有不明显或伸长为圆柱形的。叶少数，常较大，少有狭窄而呈剑形或带状的，幼时席卷，全缘或波状，基部收窄为长柄或近无柄，柄下为鞘，在叶柄与鞘相连接处有一个关节或无，无毛或有毛，花期通常尚未全部展开或少有全部展开的。花葶出自当年生由低出叶和叶鞘形成的假茎上端的叶丛中，或侧生于茎的基部，少有从去年生无叶的茎端发出，直立，不分枝，下部具鞘或鳞片状苞片，通常密被毛，少数无毛；总状花序具少数至多数花；苞片小或大，宿存或早落；花通常张开，小至中等大；萼片近相似，离生；花瓣比萼片小；唇瓣常比萼片大而短，基部与部分或全部蕊柱翅合生而形成长度不等的管，少有贴生在蕊柱足末端而与蕊柱分离的，分裂或不裂，有距或无距，唇盘具附属物（胼胝体、褶片或脊突）或无附属物；蕊柱通常粗短，无足或少数具短足，两侧具翅，翅向唇瓣基部延伸或不延伸；蕊喙分裂或不分裂；柱头侧生；花粉团蜡质，8个，每4个为一群，近相等或不相等；花粉团柄明显或不明显，共同附着于1个黏质物上。

全属约150种，分布于亚洲热带和亚热带地区，新几内亚岛、澳大利亚、热带非洲以及中美洲。我国有49种及5变种，主要产于长江流域及其以南各省区。

湖北木林子国家级自然保护区分布有虾脊兰属植物5种：剑叶虾脊兰*Calanthe davidii*、钩距虾脊兰*Calanthe graciliflora*、叉唇虾脊兰*Calanthe hancockii*、细花虾脊兰*Calanthe mannii*、无距虾脊兰*Calanthe tsoongiana*。

（2）剑叶虾脊兰　*Calanthe davidii*

国家保护级别	CITES附录	濒危等级	极小种群物种
		LC无危	

【形态特征】植株聚生。假鳞茎短小，被鞘和叶基包。花期叶完全展开，剑形或带状，长达65cm，两面无毛。花葶远长出叶外，密被短毛；花序密生多花；苞片宿存，反折，窄披针形，背面被毛；花黄绿色、白色或有时带紫色；萼片和花瓣反折，萼片近椭圆形，花瓣窄长圆状倒披针形，与萼片等长，具爪，无毛；唇瓣宽三角形，与蕊柱翅合生，3裂，侧裂片长圆形、镰状长圆形或卵状三角形，先端斜截或钝，中裂片2裂，裂口具短尖，裂片近长圆形向外叉开，先端斜平截，唇盘具3条鸡冠状褶片，距圆筒形，镰状弯曲，被毛；蕊喙2裂，裂片近方形。

【物候期】花期6—7月，果期9—10月。

【分布】产自湖北、广西东北部（兴安）、四川、云南和西藏东南部（察隅、波密、墨脱）。木林子自然保护区分布：中营站三家台村大关门峡谷内。

【生境】生于海拔1600～2700m的山地密林下。

（3）钩距虾脊兰 *Calanthe graciliflora*

国家保护级别	CITES附录	濒危等级	极小种群物种
		LC无危	

【形态特征】根状茎不明显，假鳞茎靠近，近卵球形，具3～4枚鞘和3～4枚叶。叶在花期尚未完全展开，椭圆形或椭圆状披针形，两面无毛。花开展，萼片和花瓣背面褐色，内面淡黄色；中萼片近椭圆形，侧萼片近似中萼片较窄；花瓣倒卵状披针形，具短爪，无毛；唇瓣白色，3裂，侧裂片斜卵状楔形，与中裂片近等大，中裂片近方形或倒卵形，先端近平截，稍凹，具短尖，唇盘具4个褐色斑点和3条肉质脊突，延伸至中裂片中部，末端三角形隆起，距圆筒形，常钩曲，内外均被毛；蕊柱翅下延至唇瓣基部与唇盘两侧脊突相连；蕊喙2裂，裂片三角形。

【物候期】花期3—5月，果期5—6月。

【分布】产自安徽（黄山）、浙江、江西、台湾（北部山地）、湖北、湖南、广东北部和西南部、香港、广西、四川西南部（雷波）、贵州和云南东南部（富宁）。木林子自然保护区分布：各个站点均有分布。

【生境】生于海拔600～1500m的山谷溪边、林下等阴湿处。

（4）叉唇虾脊兰 *Calanthe hancockii*

国家保护级别	CITES附录	濒危等级	极小种群物种
		LC无危	

【形态特征】假鳞茎圆锥形，假茎粗壮。花期叶未展开，近椭圆形，下面被毛，边缘波状。花葶长达80cm，密被毛；花序疏生少数至20余朵花；苞片宿存，窄披针形，无毛；花稍垂头，常具难闻气味；萼片和花瓣黄褐色，中萼片长圆状披针形，背面被毛，侧萼片似中萼片，等长，较窄，背面被毛；花瓣近椭圆形，无毛；唇瓣柠檬黄色，具短爪，与蕊柱翅合生，3裂，侧裂片镰状长圆形，先端斜截，中裂片窄倒卵状长圆形，与侧裂片等宽，先端具短尖，唇盘具3条波状褶片，褶片在前端隆起，距淡黄色，外面和口部被白色绒毛；蕊柱疏被毛；蕊喙2裂，裂片狭三角形。

【物候期】花期4—5月，果期5—6月。

【分布】产自广西北部（龙胜）、四川（峨眉山）和云南（富宁、广南、蒙自、双柏、景东、景洪、维西、香格里拉一带）。木林子自然保护区分布：邬阳站三园村小三峡内。

【生境】生于海拔1000～2600m的山地常绿阔叶林下和山谷溪边。

(5)细花虾脊兰 *Calanthe mannii*

国家保护级别	CITES附录	濒危等级	极小种群物种
		LC无危	

【形态特征】根状茎不明显，假鳞茎圆锥形；假茎长5～7cm。叶在花期尚未展开，折扇状倒披针形或有时长圆形。花葶长达51cm，密被毛；花序生10余朵花；苞片宿存，披针形，无毛；萼片和花瓣暗褐色，中萼片卵状披针形或和长圆形，背面被毛，侧萼片稍斜卵状披针形，背面被毛；花瓣倒卵形，较萼片小，无毛；唇瓣金黄色，与蕊柱翅合生，3裂，侧裂片斜卵形，中裂片横长圆形，先端稍凹，具短尖，边缘稍波状，无毛，唇盘具3条从基部延至中裂片三角形褶片，距长1～3mm，被毛；蕊柱长约3mm，腹面被毛；蕊喙小，2裂；药帽先端近平截。

【物候期】花期4—5月，果期5—6月。

【分布】产自江西北部、广东（平远）、广西（全州）、四川、贵州、云南和西藏（波密、定结）。木林子自然保护区分布：中营站黄家村、燕子站大岩村。

【生境】通常生于海拔2000～2400m的山坡林下。

（6）无距虾脊兰　*Calanthe tsoongiana*

国家保护级别	CITES附录	濒危等级	极小种群物种
		NT近危	

【形态特征】假鳞茎近圆锥形。花期叶未完全展开，叶倒卵状披针形或长圆形，先端渐尖，下面被毛。花葶长达55cm，密生毛；花序长14～16cm，疏生多花；苞片宿存，长约4mm；花淡紫色；萼片长圆形，长约7mm，背面中下部疏生毛；花瓣近匙形，长约6mm，宽1.7mm，无毛；唇瓣与蕊柱翅合生，长约3mm，3裂，裂片长圆形，近等长，侧裂片较中裂片稍宽，宽约1.3mm，先端圆，中裂片先端平截凹缺，具细尖，唇盘无褶脊和附属物，无距；蕊柱长约3mm，腹面被毛；蕊喙很小，2裂；药帽先端圆。

【物候期】花期4—5月，果期6—7月。

【分布】产自浙江（於潜、西天目山）、江西（武宁）、福建（崇安、沙县）、贵州（贵阳、梵净山）。木林子自然保护区分布：燕子站大岩村。

【生境】生于海拔450～1450m的山坡林下、路边和阴湿岩石上。

头蕊兰属 *Cephalanthera* Rich.

地生或腐生草本，通常具缩短的根状茎和成簇的肉质纤维根，腐生种类则具较长的根状茎和稀疏的肉质根。茎直立，不分枝，通常中部以上具数枚叶，下部有若干近舟状或圆筒状的鞘。叶互生，折扇状，基部近无柄并抱茎，腐生种类则退化为鞘。总状花序顶生，通常具数朵花，较少减退为单花或超过10朵；苞片通常较小，有时最下面1～2枚近叶状，极罕全部叶状；花两侧对称，近直立或斜展，多少扭转，常不完全开放；萼片离生，相似；花瓣常略短于萼片，有时与萼片多少靠合呈筒状；唇瓣常近直立，3裂，基部凹陷呈囊状或有短距，侧裂片较小，常多少围抱蕊柱，中裂片较大，上面有3～5条褶片；蕊柱直立，近半圆柱形；花药生于蕊柱顶端背侧，直立，2室；花丝明显；退化雄蕊2枚，白色而有银色斑点；花粉团2个，每个稍纵裂为2块，粒粉质，不具花粉团柄，亦无黏盘；柱头凹陷，位于蕊柱前方近顶端处；蕊喙短小，不明显。

全属约16种，主要产自欧洲至东亚，北美也有，个别种类向南可分布到北非、印度锡金、 缅甸和老挝。我国有9种，主要产自亚热带地区。

湖北木林子国家级自然保护区分布有头蕊兰属植物2种：银兰*Cephalanthera erecta*、金兰*Cephalanthera falcata*。

（7）银兰　*Cephalanthera erecta*

国家保护级别	CITES附录	濒危等级	极小种群物种
		LC无危	

【形态特征】地生草本，植株高10～30cm。茎纤细，直立，下部具2～4枚鞘，中部以上具2～4枚叶，偶见5枚叶。叶片椭圆形至卵状披针形，先端急尖或渐尖，基部收狭并抱茎。总状花序，花序轴有棱；苞片通常较小，狭三角形至披针形，但最下面1枚常为叶状；花白色；萼片长圆状椭圆形，先端急尖或钝，具5脉；花瓣与萼片相似，但稍短；唇瓣3裂，基部有距，侧裂片卵状三角形或披针形，多少围抱蕊柱，中裂片近心形或宽卵形，上面有3条纵褶片，纵褶片向前方逐渐为乳突所代替，距圆锥形，末端稍锐尖，伸出侧萼片基部之外。蒴果狭椭圆形或宽圆筒形。

【物候期】花期4—6月，果期8—9月。

【分布】产自陕西南部、甘肃南部、安徽、浙江、江西、台湾、湖北、广东北部、广西北部、四川和贵州。木林子自然保护区分布：各个站点均有分布。

【生境】生于海拔850～2300m的林下、灌丛中或沟边土层厚且有一定阳光处。

（8）金兰 *Cephalanthera falcata*

国家保护级别	CITES附录	濒危等级	极小种群物种
		LC无危	

【形态特征】地生草本，植株高20～50cm。茎直立。叶4～7枚，椭圆形、椭圆状披针形或卵状披针形，先端渐尖或钝。总状花序具5～10朵花；花苞片很小，最下面的1枚非叶状，长度不超过花梗和子房；花黄色，直立，稍微张开；萼片菱状椭圆形，先端钝或急尖，具5脉；花瓣与萼片相似，但较短；唇瓣3裂，基部有距，侧裂片三角形，多少围抱蕊柱，中裂片近扁圆形，上面具5～7条纵褶片，中央的3条较高（0.5～1mm），近顶端处密生乳突，距圆锥形，长约3mm，明显伸出侧萼片基部之外，先端钝；蕊柱长6～7mm，顶端稍扩大。蒴果狭椭圆状。

【物候期】花期4—5月，果期8—9月。

【分布】产自江苏、安徽、浙江、江西、湖北、湖南、广东北部、广西北部、四川和贵州。木林子自然保护区分布：各个站点均有分布。

【生境】生于海拔700～1600m的林下、灌丛中、草地上或沟谷旁。

杜鹃兰属 *Cremastra* Lindl.

地生草本，地下具根状茎与假鳞茎。假鳞茎球茎状或近块茎状，基部密生多数纤维根。叶1～2枚，生于假鳞茎顶端，通常狭椭圆形，有时有紫色粗斑点，基部收狭成较长的叶柄。花葶从假鳞茎上部一侧节上发出，直立或稍外弯，较长，中下部具2～3枚筒状鞘；总状花序具多花；苞片较小，宿存；花中等大；萼片与花瓣离生，近相似，展开或多少靠合；唇瓣下部或上部3裂，基部有爪并具浅囊，侧裂片常较狭而呈线形或狭长圆形，中裂片基部有1枚肉质突起；蕊柱较长，上端略扩大，无蕊柱足；花粉团4个，形成2对，两侧稍压扁，蜡质，共同附着于黏盘上。

全属仅2种，分布于印度北部、尼泊尔、不丹、泰国、越南、日本和中国秦岭以南地区。我国2种均产。

湖北木林子国家级自然保护区分布有杜鹃兰属植物1种：杜鹃兰*Cremastra appendiculata*。

（9）杜鹃兰 *Cremastra appendiculata*

国家保护级别	CITES附录	濒危等级	极小种群物种
二级	Ⅱ	NT近危	

【形态特征】假鳞茎卵球形或近球形。叶常1枚，窄椭圆形或倒披针状窄椭圆形。花葶长达70cm；花序具5～22朵花；苞片披针形或卵状披针形；花常偏向一侧，多少下垂，不完全开放，有香气，窄钟形，淡紫褐色；萼片倒披针形，中部以下近窄线形，侧萼片略斜歪；花瓣倒披针形；唇瓣与花瓣近等长，线形，3裂，侧裂片近线形，长4～5mm，中裂片卵形或窄长圆形，长6～8mm，基部2侧裂片间具肉质突起；蕊柱细，长1.8～2.5cm，顶端略扩大，腹面有时有窄翅。蒴果近椭圆形，下垂，长2.5～3cm。

【物候期】花期5—6月，果期9—12月。

【分布】产自山西、陕西、甘肃、江苏、安徽、浙江、江西、台湾、河南、湖北、湖南、广东、四川、贵州、云南和西藏。木林子自然保护区分布：邬阳站三园村小三峡内、中营站三家台村大关门。

【生境】生于海拔500～2000m的林下湿地或沟边湿地上。

兰属 *Cymbidium* Sw.

附生或地生草本，罕有腐生，通常具假鳞茎。假鳞茎卵球形、椭圆形或梭形，较少不存在或延长呈茎状，通常包藏于叶基部的鞘内。叶多枚，通常生于假鳞茎基部或下部节上，2列，带状或罕有倒披针形至狭椭圆形，基部一般有宽阔的鞘并围抱假鳞茎，有关节。花葶侧生或发自假鳞茎基部，直立、外弯或下垂；总状花序具多花，较少减退为单花；苞片长或短，在花期不落；花较大或中等大；萼片与花瓣离生，多少相似；唇瓣3裂，基部有时与蕊柱合生达3～6mm，侧裂片直立，常多少围抱蕊柱，中裂片一般外弯，唇盘上有2条纵褶片，通常从基部延伸到中裂片基部，有时末端膨大或中部断开，较少合而为一；蕊柱较长，常多少向前弯曲，两侧有翅，腹面凹陷或有时具短毛；花粉团2个，有深裂隙，或4个而形成不等大的2对，蜡质，以很短的、弹性的花粉团柄连接于近三角形的黏盘上。

全属约48种，分布于亚洲热带与亚热带地区，向南到达新几内亚岛和澳大利亚。我国有29种，广泛分布于秦岭山脉以南地区。

湖北木林子国家级自然保护区分布有兰属植物4种：建兰*Cymbidium ensifolium*、蕙兰*Cymbidium faberi*、多花兰*Cymbidium floribundum*、春兰*Cymbidium goeringii*。

（10）建兰 *Cymbidium ensifolium*

国家保护级别	CITES附录	濒危等级	极小种群物种
二级	Ⅱ	VU易危	

【形态特征】地生草本。假鳞茎卵球形。叶带形，有光泽，前部边缘有时有细齿。花葶直立，一般短于叶；苞片除最下面的1枚长达1.5～2cm外，其余的长5～8mm，一般不及花梗和子房长度的1/3，至多不超过1/2；花常有香气，色泽变化较大，通常为浅黄绿色而具紫斑；萼片近狭长圆形或狭椭圆形，侧萼片常向下斜展；花瓣狭椭圆形或狭卵状椭圆形，近平展；唇瓣近卵形，略3裂，侧裂片直立，上面有小乳突，中裂片较大，卵形，外弯，边缘波状，亦具小乳突，唇盘上2条纵褶片从基部延伸至中裂片基部；蕊柱两侧具狭翅。蒴果狭椭圆形。

【物候期】花期6—10月，果期8—11月。

【分布】产自安徽、浙江、江西、福建、台湾、湖南、广东、海南、广西、四川西南部、贵州和云南。木林子自然保护区分布：中营站三家台村大关门。

【生境】生于海拔600～1800m的疏林下、灌丛中、山谷旁或草丛中。

（11）蕙兰 *Cymbidium faberi*

国家保护级别	CITES附录	濒危等级	极小种群物种
二级	Ⅱ	LC无危	

【形态特征】地生草本。假鳞茎不明显。叶带形，近直立基部常对折呈V形，叶脉常透明、有粗齿。花葶稍外弯；花序具5～11朵或多花；苞片线状披针形，最下面1枚长于子房，中上部的长1～2cm；花梗和子房长2～2.6cm；花常淡黄绿色，有香气；萼片近披针状长圆形或窄倒卵形；花瓣与萼片相似，常略宽短；唇瓣长圆状卵形，有紫红色斑，3裂，侧裂片直立，具小乳突或细毛，中裂片较长，外弯，有乳突，边缘常皱波状，唇盘2褶片上端内倾，多少形成短管；蕊柱长1.2～1.6cm；花粉团4个，形成2对。蒴果窄椭圆形，长5～5.5cm。

【物候期】花期3—5月，果期5—7月。

【分布】产自陕西南部、甘肃南部、安徽、浙江、江西、福建、台湾、河南南部、湖北、湖南、广东、广西、四川、贵州、云南和西藏东部。木林子自然保护区分布：各个站点均有分布。

【生境】生于海拔700～2500m的湿润但排水良好的透光处。

（12）多花兰 *Cymbidium floribundum*

国家保护级别	CITES附录	濒危等级	极小种群物种
二级	Ⅱ	VU易危	

【形态特征】附生植物。假鳞茎近卵球形。叶5～6枚，带形，坚纸质，背面下部中脉较侧脉更为凸起。花葶近直立或外弯，长达35cm；花序具10～50朵花；苞片小；花萼与花瓣红褐色，偶见绿黄色；萼片窄长圆形，长1.6～1.8cm；花瓣窄椭圆形，长1.4～1.6cm；唇瓣白色，近卵形，长1.6～1.8cm，3裂，侧裂片直立，侧裂片与中裂片有紫红色斑，均具小乳突，唇盘有2褶片，褶片黄色，末端靠合；蕊柱长1.1～1.4cm，略前弯；花粉团2个，三角形。蒴果近长圆形，长3～4cm。

【物候期】花期4—8月，果期7—9月。

【分布】产自浙江、江西、福建、台湾、湖北、湖南、广东、广西、四川东部、贵州、云南。木林子自然保护区分布：邬阳站红莲村。

【生境】生于海拔100～2500m的林中或林缘树上、溪谷旁透光的岩石上。

（13）春兰 *Cymbidium goeringii*

国家保护级别	CITES附录	濒危等级	极小种群物种
二级	Ⅱ	VU易危	

【形态特征】地生草本。假鳞茎卵球形。叶带形，下部常多少对折呈V形。花葶直立，明显短于叶；花序具单花，极罕2朵；苞片长而宽，多少围抱子房；花色泽变化较大，通常为绿色或淡褐黄色而有紫褐色脉纹，有香气；萼片近长圆形至长圆状倒卵形；花瓣倒卵状椭圆形至长圆状卵形；唇瓣近卵形，不明显3裂，侧裂片直立，具小乳突，在内侧靠近纵褶片处两侧各有1个肥厚的皱褶状物，中裂片较大，强烈外弯，上面亦有乳突，边缘略呈波状，唇盘上2条纵褶片；蕊柱两侧有较宽的翅；花粉团4个，形成2对。蒴果狭椭圆形。

【物候期】花期1—3月，果期4—5月。

【分布】产自陕西南部、甘肃南部、江苏、安徽、浙江、江西、福建、台湾、河南南部、湖北、湖南、广东、广西、四川、贵州、云南。木林子自然保护区分布：各个站点均有分布。

【生境】生于海拔300～2200m的多石山坡、林缘、林中透光处。

杓兰属 *Cypripedium* L.

地生草本，具短或长的横走根状茎和许多较粗厚的纤维根。茎直立，长或短，成簇生长或疏离，无毛或具毛，基部常有数枚鞘。叶2至数枚，互生、近对生或对生，有时近铺地；叶片通常椭圆形至卵形，较少心形或扇形，具折扇状脉、放射状脉或3～5条主脉，有时有黑紫色斑点。花序顶生，通常具单花或少数具2～3朵花，极罕具5～7朵花；苞片通常叶状，明显小于叶，少有非叶状或不存在；花大，通常较美丽；中萼片直立或俯倾于唇瓣之上，2枚侧萼片通常合生而成合萼片，仅先端分离，位于唇瓣下方，极罕完全离生；花瓣平展、下垂或围抱唇瓣，有时扭转；唇瓣为深囊状，球形、椭圆形或其他形状，一般有宽阔的囊口，囊口有内弯的侧裂片和前部边缘，囊内常有毛；蕊柱短，圆柱形，常下弯，具2枚侧生的能育雄蕊、1枚位于上方的退化雄蕊和1个位于下方的柱头；花药2室，具很短的花丝；花粉粉质或带黏性，但不黏合成花粉团块；退化雄蕊通常扁平，椭圆形、卵形或其他形状，有柄或无柄，极罕舌状或线形；柱头肥厚，略有不明显的3裂，表面有乳突。果实为蒴果。

全属约50种，主要产自东亚、北美、欧洲等温带地区和亚热带山地，向南可达喜马拉雅地区和中美洲的危地马拉。我国有32种，广布于东北地区至西南山地和台湾高山，绝大多数种类均可供观赏。

湖北木林子国家级自然保护区分布有杓兰属植物2种：绿花杓兰*Cypripedium henryi*、扇脉杓兰*Cypripedium japonicum*。

（14）绿花杓兰 *Cypripedium henryi*

国家保护级别	CITES附录	濒危等级	极小种群物种
二级	Ⅱ	NT近危	

【形态特征】植株高达60cm。茎直立，被短柔毛。叶4～5枚，椭圆状或卵状披针形，长10～18cm，无毛或在背面近基部被短柔毛。花序顶生，具2～3朵花；花梗和子房密被白色腺毛；花绿色或绿黄色；中萼片卵状披针形，长3.5～4.5cm，背面脉上和近基部处稍有短柔毛，合萼片与中萼片相似，先端2浅裂；花瓣线状披针形，长4～5cm，宽5～7mm，稍扭转，背面中脉有短柔毛；唇瓣深囊状，囊底有毛；退化雄蕊椭圆形或卵状椭圆形。蒴果近椭圆形或窄椭圆形，被毛。

【物候期】花期4—5月，果期7—9月。

【分布】产自山西南部（沁县）、甘肃南部（武都）、陕西南部（洋县）、湖北西部、四川、贵州和云南西北部。木林子自然保护区分布：邬阳站三园村小三峡内。

【生境】生于海拔800～2800m的疏林下、林缘、灌丛坡地上湿润和腐殖质丰富之地。

(15) 扇脉杓兰 *Cypripedium japonicum*

国家保护级别	CITES附录	濒危等级	极小种群物种
二级	Ⅱ	LC无危	

【形态特征】植株高达55cm。根状茎较细长，横走；茎直立，被褐色长柔毛。叶常2枚，近对生，扇形，上部边缘钝波状，基部近楔形，具扇形辐射状脉直达边缘，两面近基部均被长柔毛。花序顶生1朵花，花序梗被褐色长柔毛；苞片两面无毛；花梗和子房密被长柔毛；花俯垂；萼片和花瓣淡黄绿色，基部多少有紫色斑点，中萼片窄椭圆形或窄椭圆状披针形，无毛，合萼片先端2浅裂；花瓣斜披针形；唇瓣淡黄绿色或淡紫白色，多少有紫红色斑纹，下垂，囊状，囊口略窄长，位于前方，周围有凹槽呈波浪状缺齿。蒴果近纺锤形，疏被微柔毛。

【物候期】花期4—5月，果期6—10月。

【分布】产自陕西南部、甘肃南部、安徽、浙江、江西、湖北、湖南、四川和贵州。木林子自然保护区分布：各个站点均有分布。

【生境】生于海拔1000～2000m的林下、林缘、溪谷旁、荫蔽山坡等湿润和腐殖质丰富之地。

石斛属 *Dendrobium* Sw.

附生草本。茎丛生，少有疏生在匍匐茎上的，直立或下垂，圆柱形或扁三棱形，不分枝或少数分枝，具少数或多数节，有时1至数个节间膨大呈种种形状，肉质（亦称假鳞茎）或质地较硬，具少数至多数叶。叶互生，扁平，圆柱状或两侧压扁，先端不裂或2浅裂，基部有关节和通常具抱茎的鞘。总状花序或有时伞形花序，直立，斜出或下垂，生于茎的中部以上节上，具少数至多数花，少有退化为单花的；花小至大，通常开展；萼片近相似，离生，侧萼片宽阔的基部着生在蕊柱足上，与唇瓣基部共同形成萼囊；花瓣比萼片狭或宽；唇瓣着生于蕊柱足末端，3裂或不裂，基部收狭为短爪或无爪，有时具距；蕊柱粗短，顶端两侧各具1枚蕊柱齿，基部具蕊柱足；蕊喙很小；花粉团蜡质，卵形或长圆形，4个，离生，每2个为1对，几无附属物。

全属约1000种，广泛分布于亚洲热带和亚热带地区至大洋洲。我国有74种和2变种，产自秦岭以南诸省区，尤以云南南部为多。

湖北木林子国家级自然保护区分布有石斛属植物1种：大花石斛*Dendrobium wilsonii*。

(16) 大花石斛　*Dendrobium wilsonii*

国家保护级别	CITES附录	濒危等级	极小种群物种
二级	Ⅱ	CR极危	

【形态特征】茎直立或斜立，细圆柱形，不分枝，具节，节间长1.5～2.5cm。叶革质，2列互生于茎的上部，窄长圆形，先端稍不等2裂，基部具抱茎鞘。花序1～4个，生于已落叶的老茎上部，具1～2朵花；花白色或淡红色；中萼片长圆状披针形，侧萼片与中萼片等大，基部较宽，歪斜，萼囊半球状；花瓣近椭圆形，与萼片等长且稍宽，先端锐尖；唇瓣白色，具黄绿色斑块，卵状披针形，较萼片稍短而甚宽，不明显3裂，基部楔形，具胼胝体，侧裂片直立，半圆形，中裂片卵形，先端尖，唇盘中央具1个黄绿色的斑块，密被短毛；药帽近半球形，密布细乳突。

【物候期】花期4—5月，果期6—7月。

【分布】产自福建东南部、湖北西南部至西部、湖南北部、广东西南部至北部、广西南部至东部、四川南部、贵州西北部至东北部、云南南部。木林子自然保护区分布：邬阳站云蒙山龚家垭。

【生境】生于海拔1000～1300m的山地阔叶林中树干上或林下岩石上。

火烧兰属 *Epipactis* Zinn.

地生草本，通常具根状茎。茎直立，近基部具2～3枚鳞片状鞘，其上具3～7枚叶。叶互生，叶片从下向上由具抱茎叶鞘逐渐过渡为无叶鞘，上部叶片逐渐变小而成苞片。总状花序顶生；花斜展或下垂，多少偏向一侧；花被片离生或稍靠合；花瓣与萼片相似，但较萼片短；唇瓣着生于蕊柱基部，通常分为2部分，即下唇（近轴的部分）与上唇（或称前唇，远轴的部分），下唇舟状或杯状，较少囊状，具或不具附属物，上唇平展，加厚或不加厚，形状各异，上、下唇之间缢缩或由1个窄的关节相连；蕊柱短；蕊喙常较大，光滑，有时无蕊喙；雄蕊无柄；花粉团4个，粒粉质，无花粉团柄，亦无黏盘。蒴果倒卵形至椭圆形，下垂或斜展。

全属约20种，主要产自欧洲和亚洲的温带及高山地区，北美也有。我国有8种和2变种。

湖北木林子国家级自然保护区分布有火烧兰属植物1种：大叶火烧兰*Epipactis mairei*。

（17）大叶火烧兰 *Epipactis mairei*

国家保护级别	CITES附录	濒危等级	极小种群物种
		NT近危	

【形态特征】植株高30～70cm。根状茎粗短；根多条细长。叶5～8枚，卵圆形、卵形或椭圆形，长7～16cm，基部抱茎。苞片椭圆状披针形，下部的等长或稍长于花；子房和花梗被黄褐色或锈色柔毛；花黄绿色带紫色、紫褐色或黄褐色，下垂；中萼片椭圆形、倒卵状椭圆形或舟形，长1.3～1.7cm，侧萼片斜卵状披针形或斜卵形，长1.4～2cm；花瓣长椭圆形或椭圆形，长1.1～1.7cm；唇瓣中部稍缢缩成上、下唇，下唇长6～9mm，两侧裂片近直立，上唇肥厚，卵状椭圆形、长椭圆形或椭圆形，长5～9mm，宽3～6mm，先端急尖。蒴果椭圆状，长约2.5cm，无毛。

【物候期】花期6—7月，果期9月。

【分布】产自陕西、甘肃、湖北、湖南、四川西部、云南西北部、西藏。木林子自然保护区分布：邬阳站老关寨。

【生境】生于海拔1200～3200m的山坡灌丛中、草丛中、河滩阶地或冲积扇等地。

山珊瑚属 *Galeola* Lour.

腐生草本或半灌木状，常具较粗厚的根状茎。茎常较粗壮，直立或攀缘，稍呈肉质，黄褐色或红褐色，无绿叶，节上具鳞片。总状花序或圆锥花序顶生或侧生，具多数稍呈肉质的花；花序轴被短柔毛或秕糠状短柔毛；苞片宿存；花中等大，通常黄色或带红褐色；萼片离生，背面常被毛；花瓣无毛，略小于萼片；唇瓣不裂，通常凹陷呈杯状或囊状，多少围抱蕊柱，明显大于萼片，基部无距，内有纵脊或胼胝体；蕊柱一般较为粗短，上端扩大，向前弓曲，无蕊柱足；花药生于蕊柱顶端背侧；花粉团2个，每个具裂隙，粒粉质，无附属物；柱头大，深凹陷；蕊喙短而宽，位于柱头上方。果实为荚果状蒴果，干燥，开裂。种子具厚的外种皮，周围有宽翅。

全属约10种，主要分布于亚洲热带地区，从中国南部和日本至新几内亚岛，以及非洲马达加斯加均可见到。我国产4种。

湖北木林子国家级自然保护区分布有山珊瑚属植物1种：毛萼山珊瑚*Galeola lindleyana*。

（18）毛萼山珊瑚 *Galeola lindleyana*

国家保护级别	CITES附录	濒危等级	极小种群物种
		LC无危	

【形态特征】高大植物。根状茎粗厚，疏被卵形鳞片。茎直立，基部多少木质化，高1～3m，多少被毛或老时变为秃净，节上具宽卵形鳞片。圆锥花序由顶生与侧生总状花序组成，侧生具数朵至10余朵花；总状花序基部的不育苞片卵状披针形，近无毛；苞片卵形，背面密被锈色短绒毛；花梗和子房密被锈色短绒毛；花黄色；萼片椭圆形至卵状椭圆形，背面密被锈色短绒毛并具龙骨状突起，侧萼片稍长于中萼片；花瓣宽卵形至近圆形，略短于中萼片，无毛；唇瓣杯状，不裂，边缘具短流苏；蕊柱棒状。果近长圆形，淡棕色。种子具翅。

【物候期】花期5—8月，果期9—10月。

【分布】产自陕西南部、安徽、河南、湖南、广东（信宜）、广西中北部、四川、贵州、云南和西藏东南部（墨脱）。木林子自然保护区分布：邬阳站云蒙山。

【生境】生于海拔740～2200m的疏林下、稀疏灌丛中，以及沟谷边腐殖质丰富、湿润、多石处。

天麻属 *Gastrodia* R. Br.

腐生草本，地下具根状茎。根状茎块茎状、圆柱状或有时多少呈珊瑚状，通常平卧，稍呈肉质，具节，节常较密。茎直立，常为黄褐色，无绿叶，一般在花后延长，中部以下具数节，节上被筒状或鳞片状鞘。总状花序顶生，具多花，较少减退为单花；花近壶形、钟状或宽圆筒状，不扭转或扭转；萼片与花瓣合生成筒，仅上端分离；花被筒基部有时膨大呈囊状，偶见两枚侧萼片之间开裂；唇瓣贴生于蕊柱足末端，通常较小，藏于花被筒内，不裂或3裂；蕊柱长，具狭翅，基部有短的蕊柱足；花药较大，近顶生；花粉团2个，粒粉质，通常由可分的小团块组成，无花粉团柄和黏盘。

全属约20种，分布于东亚、东南亚至大洋洲。我国有13种。

湖北木林子国家级自然保护区分布有天麻属植物1种：天麻*Gastrodia elata*。

（19）天麻　*Gastrodia elata*

国家保护级别	CITES附录	濒危等级	极小种群物种
二级	Ⅱ	VU易危	

【形态特征】植株高1m以上。根状茎卵状长椭圆形，单个最大质量达500g，含水率在80%左右。茎淡黄色，幼时淡黄绿色。花序长达30cm，偶见30～50cm，具30～50朵花；花梗和子房橙黄色或黄白色，近直立；花淡黄色；花被筒近斜卵状圆筒形，顶端具5裂片，2枚侧萼片合生处的裂口深达5mm，筒基部向前凸出；外轮裂片（萼片离生部分）卵状角形，内轮裂片（花瓣离生部分）近长圆形；唇瓣长圆状卵形，3裂，基部贴生于蕊柱足末端与花被筒内壁有1对肉质胼胝体，上部离生，上面具乳突，边缘有不规则短流苏；蕊柱长5～7mm，蕊柱倒卵状椭圆形。

【物候期】花果期5—7月。

【分布】产自河南、湖北、贵州西部和云南东北部。木林子自然保护区分布：邬阳站云蒙山。

【生境】常生于海拔400～3200m的疏林边缘。

斑叶兰属 *Goodyera* R. Br.

地生草本。根状茎常伸长，茎状，匍匐，具节，节上生根。茎直立，短或长，具叶。叶互生，稍呈肉质，具柄，上面常具杂色的斑纹。花序顶生，具少数至多数花，总状，罕有因花小、多而密似穗状；花常较小或小，罕稍大，偏向一侧或不偏向一侧，倒置（唇瓣位于下方）；萼片离生，近相似，背面常被毛，中萼片直立，凹陷，与较狭窄的花瓣黏合呈兜状，侧萼片直立或张开；花瓣较萼片薄，膜质；唇瓣围绕蕊柱基部，不裂，无爪，基部凹陷呈囊状，前部渐狭，先端多少向外弯曲，囊内常有毛；蕊柱短，无附属物；花药直立或斜卧，位于蕊喙的背面；花粉团2个，狭长，每个纵裂为2块，为具小团块的粒粉质，无花粉团柄，共同具1个大或小的黏盘；蕊喙直立，长或短，2裂；柱头1个，较大，位于蕊喙之下。蒴果直立，无喙。

全属约40种，主要分布于北温带，向南可达墨西哥、东南亚、澳大利亚和大洋洲岛屿，非洲的马达加斯加也有。我国产29种，全国均产之，以西南部和南部为多。

湖北木林子国家级自然保护区分布有斑叶兰属植物3种：大花斑叶兰*Goodyera biflora*、斑叶兰*Goodyera schlechtendaliana*、绒叶斑叶兰*Goodyera velutina*。

（20）大花斑叶兰 *Goodyera biflora*

国家保护级别	CITES附录	濒危等级	极小种群物种
	Ⅱ	NT近危	

【形态特征】植株高5～15cm。根状茎长；茎具4～5枚叶。叶卵形或椭圆形，长2～4cm，基部圆，上面具白色均匀网状脉纹，下面淡绿色，有时带紫红色；叶柄长1～2.5cm。苞片披针形，下面被柔毛；子房扭转，被柔毛；花长筒状，白色或带粉红色；萼片线状披针形，背面被柔毛，中萼片与花瓣粘贴呈兜状；花瓣白色，无毛，稍斜菱状线形，唇瓣白色，线状披针形，基部凹入呈囊状，内面具多数腺毛，前部舌状，长为囊的2倍，先端向下卷曲；花药三角状披针形。

【物候期】花期2—7月，果期7—10月。

【分布】产自陕西南部、甘肃南部、江苏、安徽、浙江、台湾、河南南部、湖北、湖南、广东、四川、贵州、云南、西藏。木林子自然保护区分布：下坪站核心区内、邬阳站老关寨。

【生境】生于海拔560～2200m的林下阴湿处。

（21）斑叶兰 *Goodyera schlechtendaliana*

国家保护级别	CITES附录	濒危等级	极小种群物种
	Ⅱ	NT近危	

【形态特征】植株高15～35cm。根状茎匍匐；茎直立，绿色，具4～6枚叶。叶卵形或卵状披针形，上面具白色或黄白色不规则网状斑纹，下面淡绿色，基部近圆形或宽楔形。花茎高10～28cm，被长柔毛，具3～5枚鞘状苞片；花序疏生几朵至20余朵近偏向一侧的花，长8～20cm；苞片披针形，背面被柔毛；子房扭转，被长柔毛；花白色或带粉红色；萼片背面被柔毛，中萼片窄椭圆状披针形，舟状，与花瓣粘贴呈兜状，侧萼片卵状披针形；花瓣菱状倒披针形；唇瓣卵形，基部凹入呈囊状，宽3～4mm，内面具多数腺毛，前端舌状，略下弯；花药卵形。

【物候期】花果期8—10月。

【分布】产自山西、陕西、甘肃、江苏、安徽、浙江、江西、福建、台湾、河南南部、湖北、湖南、广东、海南、广西、四川、贵州、云南、西藏。木林子自然保护区分布：各个站点均有分布。

【生境】生于海拔500～2800m的山坡或沟谷阔叶林下。

（22）绒叶斑叶兰 *Goodyera velutina*

国家保护级别	CITES附录	濒危等级	极小种群物种
二级	Ⅱ	LC无危	

【形态特征】植株高8～16cm。根状茎长；茎暗红褐色，具3～5枚叶。叶卵形或椭圆形，长2～5cm，基部圆，上面深绿色或暗紫绿色，天鹅绒状，沿中脉具白色带，下面紫红色；叶柄长1～1.5cm。苞片披针形，红褐色；子房圆柱形，扭转，绿褐色，被柔毛，连花梗长0.8～1.1cm；萼片微张开，淡红褐色或白色，凹入，背面被柔毛，中萼片长圆形，与花瓣粘贴呈兜状，侧萼片斜卵状椭圆形或长椭圆形，先端钝；花瓣斜长圆状菱形，无毛，基部渐窄，上半部具红褐色斑；唇瓣基部囊状，内面有多数腺毛，前部舌状，舟形，先端下弯；花药卵状心形，先端渐尖。

【物候期】花期9—10月，果期10—11月。

【分布】产自浙江、福建、台湾、湖北、湖南、广东、海南、广西、四川、云南东北部（彝良）。木林子自然保护区分布：下坪站核心区内。

【生境】生于海拔700～3000m的林下阴湿处。

玉凤花属 *Habenaria* Willd.

地生草本。块茎肉质，椭圆形或长圆形，不裂，颈部生几条细长的根。茎直立，基部常具2～4枚筒状鞘，鞘以上具1至多枚叶，向上有时还有数枚苞片状小叶。叶散生或集生于茎的中部、下部或基部，稍肥厚，基部收狭成抱茎的鞘。花序总状，顶生，具少数或多数花；苞片直立，伸展；子房扭转，无毛或被毛；花小、中等大或大，倒置（唇瓣位于下方）；萼片离生，中萼片常与花瓣靠合呈兜状，侧萼片伸展或反折；花瓣不裂或分裂；唇瓣一般3裂，基部通常有长或短的距，有时为囊状或无距；蕊柱短，两侧通常有耳（退化雄蕊）；花药直立，2室，药隔宽或窄，药室叉开，基部延长成短或长的沟；花粉团2个，为具小团块的粒粉质，通常具长的花粉团柄，柄的末端具黏盘，黏盘裸露，较小；柱头2个，分离，凸出或延长，成为“柱头枝”，位于蕊柱前方基部；蕊喙有臂，通常厚而大，臂伸长的沟与药室伸长的沟相互靠合呈管状，围抱花粉团柄。

全属约600种，分布于全球热带、亚热带至温带地区。我国现知有55种，除新疆外，南北各地均产，主要分布于长江流域及其以南地区，以及横断山脉地区。

湖北木林子国家级自然保护区分布有玉凤花属植物1种：裂瓣玉凤花*Habenaria petelotii*。

（23）裂瓣玉凤花 *Habenaria petelotii*

国家保护级别	CITES附录	濒危等级	极小种群物种
	Ⅱ	DD数据缺乏	

【形态特征】植株高达60cm。块茎长圆形。叶椭圆形或椭圆状披针形。花序疏生3～12朵花；花茎无毛；苞片窄披针形，长达1.5cm，宽3～4mm；子房圆柱状纺锤形，稍弧曲，无毛，连花梗长1.5～3cm；花淡绿色或白色；中萼片卵形，兜状，长1～1.2cm，侧萼片张开，长圆状卵形，长1.1～1.3cm；花瓣2深裂，至基部，裂片线形，宽1.5～2mm，叉开，具缘毛，上裂片直立，与中萼片并行，长1.4～1.6cm，下裂片与唇瓣的侧裂片并行，长达2cm；唇瓣3深裂，近基部，裂片线形，近等长，长1.5～2cm，具缘毛；距圆筒状棒形，下垂，稍前弯。

【物候期】花期7—9月，果期9—10月。

【分布】产自安徽、浙江、江西、福建、湖南、广东、广西、四川、贵州、云南东南部。木林子自然保护区分布：邬阳站三园村小三峡内。

【生境】生于海拔320～1600m的山坡或沟谷林下。

羊耳蒜属 *Liparis* Rich.

地生或附生草本，通常具假鳞茎，有时具多节的肉质茎。假鳞茎密集或疏离，外面常被有膜质鞘。叶1至数枚，基生或茎生（地生种类），或生于假鳞茎顶端或近顶端的节上（附生种类），草质、纸质至厚纸质，多脉，基部多少具柄，具或不具关节。花葶顶生，直立、外弯或下垂，常稍呈扁圆柱形并在两侧具狭翅；总状花序疏生或密生多花；苞片小，宿存；花小或中等大，扭转；萼片相似，离生或极少2枚侧萼片合生，平展，反折或外卷；花瓣通常比萼片狭，线状至丝状；唇瓣不裂或偶见3裂，有时在中部或下部缢缩，上部或上端常反折，基部或中部常有胼胝体，无距；蕊柱一般较长，多少向前弓曲，罕有短而近直立的，上部两侧常多少具翅，极少具4翅或无翅，无蕊柱足；花药俯倾，极少直立；花粉团4个，形成2对，蜡质，无明显的花粉团柄和黏盘。蒴果球形至其他形状，常多少具3钝棱。

全属约250种，广泛分布于全球热带与亚热带地区，少数种类也见于北温带。我国有52种。

湖北木林子国家级自然保护区分布有羊耳蒜属植物1种：羊耳蒜*Liparis campylostalix*。

（24）羊耳蒜 *Liparis campylostalix*

国家保护级别	CITES附录	濒危等级	极小种群物种
	Ⅱ	LC无危	

【形态特征】地生草本。假鳞茎宽卵形，较小，外被白色的薄膜质鞘。叶2枚，卵形至卵状长圆形，先端急尖或钝，近全缘，基部收狭成鞘状柄，无关节。花葶长10～25cm；总状花序具数朵至10余朵花；苞片卵状披针形，长2～3mm；花梗和子房长5～10mm；花淡紫色；中萼片线状披针形，具3脉，侧萼片略斜歪，比中萼片宽（约1.8mm），亦具3脉；花瓣丝状；唇瓣近倒卵状椭圆形，从中部多少反折，先端近浑圆并有短尖，边缘具不规则细齿，基部收狭，无胼胝体；蕊柱长约2.5mm，稍向前弯曲，顶端具钝翅，基部多少扩大、肥厚。

【物候期】花期6—7月，果期8—9月。

【分布】产自云南西部（凤庆）和西藏东南部（波密、米林、隆子）。木林子自然保护区分布：燕子站大岩村。

【生境】生于海拔2650～3400m的林下岩石积土上或松林下草地上。

齿唇兰属 *Odontochilus* Blume

陆生草本，自养或少数菌类寄生。根状茎匍匐，圆筒状，数节，肉质；根狭丝状到纤维状，单生自根状茎节或无。茎直立或上升，基部有1到数枚松散的管状鞘和一些散生或近莲座状叶，或无叶，无毛。叶绿色或紫色，偶有1～3条白色条纹，近圆形或椭圆形，斜向，叶柄状基部扩张成管状抱茎鞘。花序直立，顶生，总状，无毛或被短柔毛；花序梗具一些分散的具鞘苞片；花序轴松散或密集地生少到很多花；花苞膜质，无毛或被短柔毛；萼片无毛或被短柔毛，中萼片离生或合生，侧萼片类似于中萼片，完全包围唇基部；花瓣通常贴伏于中萼片，线状、舌状到卵状，膜质；唇瓣3裂，无距，其内面中央具细长的管状外缘，有一条完整的或流苏状褶片，少数在两侧有2条褶片，或者完全没有；蕊柱扭转或不扭转，腹侧有2个翼状的附属物；花药直立，卵球形，2室；花粉团2个，倒卵球形或棒状，通常变细成细长的茎；喙部三角状，残存不久即深裂；柱头裂片分离至聚合，直接置于喙下。蒴果椭球体。

全属全世界分布25种，西至印度北部和喜马拉雅山脉，南至东南亚，北至日本，东至太平洋西南部岛屿。我国有11种，其中湖北省有2种，分布于恩施土家族苗族自治州宣恩县、鹤峰县，宜昌市五峰土家族自治县。

湖北木林子国家级自然保护区分布有齿唇兰属植物1种：西南齿唇兰*Odontochilus elwesii*。

（25）西南齿唇兰 *Odontochilus elwesii*

国家保护级别	CITES附录	濒危等级	极小种群物种
	Ⅱ	LC无危	

【形态特征】植株高15～25cm。根状茎伸长，匍匐，肉质，具节，节上生根。茎无毛，具6～7枚叶。叶卵形或卵状披针形，上面暗紫色或深绿色，有时具3条带红色的脉，背面淡红色或淡绿色。总状花序具2～4朵较疏生的花，花序轴和花序梗被短柔毛；萼片绿色或白色，先端和中部带紫红色，背面被短柔毛；中萼片卵形，凹陷呈舟状，侧萼片稍张开，偏斜的卵形；花瓣白色，斜半卵形，镰状；唇瓣白色，向前伸展，呈Y字形，无毛，基部稍扩大并凹陷成球形的囊；蕊柱粗短，前面两侧各具1枚近长圆形的片状附属物；蕊喙小，直立，叉状2裂。

【物候期】花期7—8月，果期9—10月。

【分布】产自台湾、广西、四川、贵州和云南。木林子自然保护区分布：邬阳站三园村小三峡内。

【生境】生于海拔300～1500m的山坡或沟谷常绿阔叶林下阴湿处。

山兰属 *Oreorchis* Lindl.

地生草本，地下具纤细的根状茎。根状茎上生有球茎状的假鳞茎；假鳞茎具节，基部疏生纤维根。叶1～2枚，生于假鳞茎顶端，线形至狭长圆状披针形，具柄，基部常有1～2枚膜质鞘。花葶从假鳞茎侧面节上发出，直立；花序不分枝，总状，多花；苞片膜质，宿存；花小至中等大；萼片与花瓣离生，相似或花瓣略狭小，展开，两枚侧萼片基部有时多少延伸呈浅囊状；唇瓣3裂、不裂或仅中部两侧有凹缺（钝3裂），基部有爪，无距，上面常有纵褶片或中央有具凹槽的胼胝体；蕊柱一般稍长，略向前弓曲，基部有时膨大并略凸出而呈蕊柱足状，但无明显的蕊柱足；花药俯倾；花粉团4个，近球形，蜡质，具1个共同的黏盘柄和小的黏盘。

全属约16种，分布于喜马拉雅地区至日本和西伯利亚。我国有11种。

湖北木林子国家级自然保护区分布有山兰属植物1种：长叶山兰*Oreorchis fargesii*。

（26）长叶山兰 *Oreorchis fargesii*

国家保护级别	CITES附录	濒危等级	极小种群物种
	Ⅱ	NT近危	

【形态特征】假鳞茎椭圆形至近球形，有2～3节，外被撕裂成纤维状的鞘。叶常见2枚，偶见1枚，线状披针形或线形，生于假鳞茎顶端，有关节，关节下方由叶柄套叠呈假茎状。花葶从假鳞茎侧面发出，直立；总状花序具较密集的花；苞片卵状披针形；花梗和子房长7～12mm；花常白色并有紫纹；萼片长圆状披针形，侧萼片斜歪并略宽于中萼片；花瓣狭卵形至卵状披针形；唇瓣轮廓为长圆状倒卵形，近基部处3裂，基部有长约1mm的爪，侧裂片线形，边缘多少具细缘毛，中裂片近椭圆状倒卵形，上半部边缘多少皱波状，先端有不规则缺刻。蒴果狭椭圆形。

【物候期】花期5—6月，果期9—10月。

【分布】产自陕西南部、甘肃南部、浙江、福建北部（武夷山）、台湾、湖北和四川。木林子自然保护区分布：下坪站黑湾核心区。

【生境】生于海拔700～2600m的林下、灌丛中或沟谷旁。

石仙桃属 *Pholidota* Lindl. ex Hook.

附生草本，通常具根状茎和假鳞茎。假鳞茎密生或疏生于根状茎上，卵状至圆筒状，罕有假鳞茎在近末端处相互连接而貌似茎状，或以基部连接于短根状茎上，而短根状茎又连接于相邻假鳞茎中部。叶1～2枚，生于假鳞茎顶端，基部多少具柄。花葶生于假鳞茎顶端或与幼叶同时从幼嫩的假鳞茎顶端发出；总状花序常多少弯曲，具多朵花；花序轴常稍曲折；苞片大，2列，多少凹陷，宿存或脱落；花小，常不完全张开；萼片相似，常多少凹陷，侧萼片背面一般有龙骨状突起；花瓣通常小于萼片；唇瓣凹陷或仅基部凹陷呈浅囊状，不裂或罕有3裂，唇盘上有时有粗厚的脉或褶片，无距；蕊柱短，上端有翅，翅常围绕花药，无蕊柱足；花药前倾，生于药床后缘上；花粉团4个，蜡质，近等大，形成2对，共同附着于黏质物上；蕊喙较大，拱盖于柱头穴之上。蒴果较小，常有棱。

全属约30种，分布范围北至亚洲热带和亚热带南缘地区，南至澳大利亚和太平洋岛屿。我国有14种，产自西南地区、华南地区至台湾。

湖北木林子国家级自然保护区分布有石仙桃属植物1种：云南石仙桃*Pholidota yunnanensis*。

（27）云南石仙桃 *Pholidota yunnanensis*

国家保护级别	CITES附录	濒危等级	极小种群物种
	Ⅱ	NT近危	

【形态特征】根状茎匍匐、分枝，密被箨状鞘；假鳞茎近圆柱状，向顶端略收狭，幼嫩时为箨状鞘所包，顶端生2枚叶。叶披针形，坚纸质，具折扇状脉，具短柄。花葶生于幼嫩假鳞茎顶端，连同幼叶从靠近老假鳞茎基部的根状茎上发出；总状花序具15～20朵花，花序轴有时在近基部处略左右曲折；苞片在花期逐渐脱落，卵状菱形；花梗和子房长3.5～5mm；花白色或浅肉色；中萼片宽卵状椭圆形或卵状长圆形，侧萼片宽卵状披针形，凹陷呈舟状；唇瓣轮廓为长圆状倒卵形，略长于萼片，先端近截形或钝并常有不明显的凹缺；蕊喙宽舌状。蒴果倒卵状椭圆形。

【物候期】花期5月，果期9—10月。

【分布】产自广西、湖北西部、湖南西部、四川东北部至南部、贵州和云南东南部。木林子自然保护区分布：邬阳站三园村外围。

【生境】生于海拔1200～1700m的林中或山谷旁的树上或岩石上。

舌唇兰属　*Platanthera* Rich.

地生草本，具肉质肥厚的根状茎或块茎。茎直立，具1至数枚叶。叶互生，稀近对生，叶片椭圆形、卵状椭圆形或线状披针形。总状花序顶生，具多数花；苞片草质，直立伸展，通常为披针形；花大小不一，常为白色或黄绿色，倒置（唇瓣位于下方）；中萼片短而宽，凹陷，常与花瓣靠合呈兜状，侧萼片伸展或反折，较中萼片长；花瓣常较萼片狭；唇瓣常为线形或舌状，肉质，不裂，向前伸展，基部两侧无耳，罕具耳，下方具甚长的距，少数距较短；蕊柱粗短；花药直立，2室，药室平行或多少叉开，药隔明显；花粉团2个，为具小团块的粒粉质，棒状，具明显的花粉团柄和裸露的黏盘；蕊喙常大或小，基部具扩大而叉开的臂；柱头1个，凹陷，与蕊喙下部聚合，两者分不开，或1个隆起，位于距口的后缘或前方，或2个隆起，离生，位于距口的前方两侧；退化雄蕊2个，位于花药基部两侧。蒴果直立。

全属约150种，主要分布于北温带，向南可达中南美洲和热带非洲以及热带亚洲。我国有41种、3亚种，南北均产，尤以西南山地为多。

湖北木林子国家级自然保护区分布有舌唇兰属植物1种：舌唇兰*Platanthera japonica*。

（28）舌唇兰 *Platanthera japonica*

国家保护级别	CITES附录	濒危等级	极小种群物种
	Ⅱ	LC无危	

【形态特征】植株高35～70cm。根状茎指状，肉质，近平展；茎粗壮。3～6枚叶，下部叶椭圆形或长椭圆形，长10～18cm，基部鞘状抱茎，上部叶披针形。花序长10～18cm，具10～28朵花；苞片窄披针形，长2～4cm；子房连花梗长2～2.5cm；花白色；中萼片舟状，卵形，长7～8mm，侧萼片反折，斜卵形，长8～9mm；花瓣直立，线形，长6～7mm，与中萼片靠合呈兜状；唇瓣线形，长1.3～2cm，肉质，先端钝，距下垂，细圆筒状至丝状，长3～6cm，弧曲，较子房长；黏盘线状椭圆形；柱头1枚，凹下，位于蕊喙以下穴内。

【物候期】花期5—7月，果期8—10月。

【分布】产自陕西、甘肃、江苏、安徽、浙江、河南、湖北、湖南、广西、四川、贵州和云南。木林子自然保护区分布：各个站点均有广泛分布。

【生境】生于海拔600～2600m的山坡林下或草地上。

独蒜兰属 *Pleione* D. Don

附生、半附生或地生小草本。假鳞茎一年生，常较密集，卵形、圆锥形、梨形至陀螺形，向顶端逐渐收狭成长颈或短颈，或骤然收狭成短颈，叶脱落后顶端通常有皿状或浅杯状的环。叶1～2枚，生于假鳞茎顶端，通常纸质，多少具折扇状脉，有短柄，一般在冬季凋落，少有宿存。花葶从老假鳞茎基部发出，直立，与叶同时或不同时出现；花序具1～2朵花；苞片常有色彩，较大，宿存；花大，一般较艳丽；萼片离生，相似；花瓣一般与萼片等长，常略狭于萼片；唇瓣明显大于萼片，不裂或不明显3裂，基部常多少收狭，有时贴生于蕊柱基部而呈囊状，上部边缘啮蚀状或撕裂状，上面具2至数条纵褶片或沿脉具流苏状毛；蕊柱细长，稍向前弯曲，两侧具狭翅，翅在顶端扩大；花粉团4个，蜡质，每2个成1对，每对常有1个花粉团较大，倒卵形或其他形状。蒴果纺锤状，具3条纵棱，成熟时沿纵棱开裂。

全属约19种，主要产于我国秦岭以南，西至喜马拉雅地区，南至缅甸、老挝和泰国的亚热带地区和热带凉爽地区。我国有16种，主要产自西南、华中和华东地区，也见于广东和广西的北部。

湖北木林子国家级自然保护区分布有独蒜兰属植物2种：独蒜兰*Pleione bulbocodioides*、美丽独蒜兰*Pleione pleionoides*。

(29) 独蒜兰 *Pleione bulbocodioides*

国家保护级别	CITES附录	濒危等级	极小种群物种
二级	Ⅱ	LC无危	

【形态特征】半附生草本。假鳞茎卵形或卵状圆锥形，上端有颈，顶端1枚叶。叶窄椭圆状披针形或近倒披针形，纸质，长10～25cm；叶柄长2～6.5cm。花葶生于无叶假鳞茎基部，下部包在圆筒状鞘内，顶端具1～2朵花；苞片长于花梗和子房；花粉红色至淡紫色；中萼片近倒披针形，侧萼片与中萼片等长；花瓣倒披针形，稍斜歪；唇瓣有深色斑，倒卵形，3微裂，基部楔形，稍贴生于蕊柱。蒴果近长圆形，长2.7～3.5cm。

【物候期】花期4—6月，果期6—8月。

【分布】产自陕西南部、甘肃南部、安徽、湖北、湖南、广东北部、广西北部、四川、贵州、云南西北部和西藏东南部。木林子自然保护区分布：下坪站核心区内、燕子站大岩村。

【生境】生于海拔900～3600m的常绿阔叶林下或灌木林缘腐殖质丰富的土壤中或苔藓覆盖的岩石上。

（30）美丽独蒜兰　*Pleione pleionoides*

国家保护级别	CITES附录	濒危等级	极小种群物种
二级	Ⅱ	VU易危	

【形态特征】地生或半附生草本。假鳞茎圆锥形，表面粗糙，顶端具1枚叶。叶在花期尚幼嫩，长成后椭圆状披针形，纸质，先端急尖。花葶从无叶的老假鳞茎基部发出，直立，长8～22cm，顶端具1朵花，稀为2朵花；苞片线状披针形，长于花梗和子房，先端急尖；花玫瑰紫色；中萼片狭椭圆形，先端急尖，侧萼片亦狭椭圆形，略斜歪，稍宽于中萼片，先端急尖；花瓣倒披针形，多少镰刀状，先端急尖；唇瓣近菱形至倒卵形，极不明显的3裂，前部边缘具细齿，上面具2条或4条黄色褶片，褶片具细齿。

【物候期】花期6月，果期6—8月。

【分布】产自湖北西部、贵州和四川东部。木林子自然保护区分布：下坪站核心区内。

【生境】生于海拔1750～2250m的林下腐殖质丰富的土壤中或苔藓覆盖的岩石上或岩壁上。

2.3 木林子自然保护区野生兰科植物多样性分析

木林子自然保护区所有的兰科植物，均为广布种，通过此次野外调查发现有38种，其中在木林子自然保护区范围内的有30种，在保护区边界外与保护区生境相似的地区还发现8种兰科植物。根据文献资料中对于这8种植物的适宜生境、海拔的描述，其在保护区范围内可能也有相应类群分布，后续需要开展网格式生物多样性调查以进一步核实。

在保护区范围内发现的30种兰科植物中，分布最广泛的兰科植物为春兰（*Cymbidium goeringii*）、蕙兰（*Cymbidium faberi*）和舌唇兰（*Platanthera japonica*）。这些兰科植物以广布散生为主，局部点位有集中生长的居群。在兰科的5个亚科中，除拟兰亚科（Subfam. Apostasioideae）外保护区均有分布，保护区兰科植物详细名录见本书2. 2节。4个亚科中，树兰亚科的族、属、种均最多，3种分类单元均占比一半以上。18属中种类较多的依次是虾脊兰属（*Calanthe*）5种、兰属（*Cymbidium*）4种、斑叶兰属（*Goodyera*）3种。单种属占到总属数的一半以上，少种属约占三分之一。

在保护区边界外与保护区生境相似的地区发现的8种兰科植物中，泽泻虾脊兰（*Calanthe alismatifolia*）、毛莛玉凤花（*Habenaria ciliolaris*）、镰翅羊耳蒜（*Liparis bootanensis*）、黄花鹤顶兰（*Phaius flavus*）4种发现于屏山峡谷内，其生长环境与保护区内峡谷地貌及林下、溪流等生境非常相似，推测在保护区可能也有分布。

独花兰（*Changnienia amoena*）是中国特有种，也是鄂西地区广布种，在鄂西各个保护区都有发现，此次是在木林子自然保护区周边的燕子镇董家河风景区周围发现，推测在木林子自然保护区可能也有分布。

在董家河风景区发现的还有见血青（*Liparis nervosa*）、无柱兰（*Ponerorchis gracilis*）、白及（*Bletilla striata*），通过访问调查，发现周边有农户称从保护区中取得野生白及和杜鹃兰的植株进行人工种植扩繁；见血青、无柱兰、白及都是鄂西野外常见的兰科植物，推测在保护区可能也有分布。

综上所述，通过此次野外调查在木林子自然保护区范围内发现了30种兰科植物，还在保护区周边发现了8种。形成这种情况的原因可能有以下几种：①由于调查的范围覆盖得不全面，可能遗漏了一些生态环境较好、可能存在兰科植物的地区；②兰科植物大多花期较短，且进入营养期后植株难以被发现，在同一调查时期内无法兼顾每个地区，导致错过了花期后难以找到某些兰科植物的踪迹，特别是菌类寄生的兰科植物如天麻（*Gastrodia elata*）和毛萼山珊瑚（*Galeola lindleyana*）；③在以往的湖北省兰科植物名录中，有些兰科植物只有标本记录或仅在各地区志书中有文字记录，不排除有鉴定错误或记载错误的可能。

在湖北木林子国家级自然保护区的30种兰科植物广布种中，种群数量小于10个的物种有3种，分别为长叶山兰（*Oreorchis fargesii*）、裂瓣玉凤花（*Habenaria petelotii*）和毛萼山珊瑚（*Galeola lindleyana*），都只在一个分布地发现。造成这2种兰科植物种群数量在保护区内稀少的原因可能是其栖息地、分布区有一定程度的衰退，应在保持现有的生态环境的前提下，对这几个物种采取一些就地保护的措施；我们在调查中也设立了固定样方对其进行持续监测，观察物种居群数量的动态变化。

2.4 木林子自然保护区兰科植物湖北新分布记录

（1）叉唇虾脊兰 *Calanthe hancockii*

Kew Bull. 197. 1896, et J. Linn. Soc. Bot. 36: 25. 1903; Schltr. in Fedde Repert. Sp. Nov. Beih. 4: 237. 1919; S. Y. Hu in Quart. J. Taiwan Mus. 25 (3, 4): 202. 1972.

【形态特征】假鳞茎聚生。叶近椭圆形，下面被毛，边缘波状。花葶长达80cm，密被毛；花序疏生少数至20余朵花；花稍垂头；萼片和花瓣黄褐色；花瓣近椭圆形，无毛；唇瓣柠檬黄色，具短爪，与蕊柱翅合生，唇盘具3条波状褶片，距淡黄色，纤细。

【原分布记录】产自广西北部（龙胜）、四川（峨眉山）和云南（富宁、广南、蒙自、双柏、景东、景洪、维西、香格里拉一带）。生于海拔1000～2600m的山地常绿阔叶林下和山谷溪边。

【湖北新记录】发现于湖北木林子国家级自然保护区鄂阳站三园村小三峡核心区，生于林下。

叉唇虾脊兰：A开花的植株；B花；C花距

（2）无距虾脊兰 *Calanthe tsoongiana*

Acta Phytotax. 1(1): 45. 1951; S. Y. Hu in Quart. J. Taiwan Mus. 25 (3, 4): 207. 1972.

【形态特征】叶在花期未全部展开，长圆形，背面被短毛；叶柄不明显。总状花序疏生许多小花；花梗和子房被短毛，子房稍弧曲；花淡紫色；萼片相似，长圆形，具5～6条脉；唇瓣基部合生于整个蕊柱翅上，基部上方3深裂，唇盘上无褶片和其他附属物，无距。

【原分布记录】产自浙江（於潜、西天目山）、江西（武宁）、福建（崇安、沙县）、贵州（贵阳、梵净山）。生于海拔450～1450m的山坡林下、路边和阴湿岩石上。

【湖北新记录】发现于湖北木林子国家级自然保护区燕子站大岩村核心区。

无距虾脊兰：A开花的植株；B花侧面观；C花正面观；D花序；E叶

（3）西南齿唇兰　*Odontochilus elwesii*

Fl. Brit. India. 6: 100. 1890; Anoectochilus elwesii King et Pantling; A. purpureus (C. S. Leou) S. S. Ying; Cystopus elwesii (C. B. Clarke ex J. D. Hooker) Kuntze, Rev. Gen. pl. 658. 1891.

【形态特征】根状茎匍匐，肉质。叶卵形或卵状披针形，上面暗紫色或深绿色，背面淡红色或淡绿色。总状花序顶生，花倒置；萼片绿色或白色，先端和中部带紫红色，背面被短柔毛；中萼片卵形，与花瓣黏合呈兜状；花瓣白色，斜半卵形；唇瓣白色，向前伸展，呈Y字形。

【原分布记录】产自台湾、广西、四川、贵州和云南。生于海拔300～1500m的山坡或沟谷常绿阔叶林下阴湿处。

【湖北新记录】发现于湖北木林子国家级自然保护区邬阳站三园村小三峡内，生于林下。

西南齿唇兰：A花背面观；B花正面观；C开花植株；D去年的果荚；E叶

3

木林子自然保护区
兰科野生资源评估

对湖北木林子国家级自然保护区及其相邻区域的兰科植物先后三次（2020年、2022年和2023年）进行较系统的普查，通过实际野外调查，结合文献资料和相邻区域发现的兰科植物种类，湖北木林子国家级自然保护区的野生兰科植物至少有18属30种，其中包括湖北省新分布记录3种，分别是叉唇虾脊兰（*Calanthe hancockii*）、无距虾脊兰（*Calanthe tsoongiana*）、西南齿唇兰（*Odontochilus elwesii*），在保护区边界外与保护区生境相似的地区还发现8种兰科植物。

目前在保护区范围内发现的30种兰科植物中，分布最广泛的是春兰（*Cymbidium goeringii*）、蕙兰（*Cymbidium faberi*）和舌唇兰（*Platanthera japonica*），以广布散生为主，局部点位有集中生长的居群；种群数量最多的是独蒜兰（*Pleione bulbocodioides*）；极稀有种有长叶山兰（*Oreorchis fargesii*）、裂瓣玉凤花（*Habenaria petelotii*）和毛萼山珊瑚（*Galeola lindleyana*）3种，均只在一个分布地发现。

3.1 物种种群数量和种群规模分析

通过野外实地抽样调查，得到木林子自然保护区兰科植物物种种群数量现状统计表，其中兰科植物各物种的分布面积是根据样方中实际调查的种群数量和抽样比例及样方面积推算而来。种群数量最少的极稀有种有3种，分别为长叶山兰（*Oreorchis fargesii*）、裂瓣玉凤花（*Habenaria petelotii*）和毛萼山珊瑚（*Galeola lindleyana*）；数量级在11～50株的兰科植物零星散生，主要为单生，由于生境较为破碎化而分布较散；数量级在51～200株的兰科植物种数最多，有10种，占总种数的33.33%；数量级在201～1000株的兰科植物以散生为主，也有成片生长的情况，其中春兰（*Cymbidium goeringii*）、蕙兰（*Cymbidium faberi*）和舌唇兰（*Platanthera japonica*）这3种分布最广泛；种群数量最多的为独蒜兰（*Pleione bulbocodioides*），为附生兰科植物，以散生为主，局部集中，其虽遭人为采集，但因主要生长在石壁上，难以被采集到，且居群数量大，所以目前赋存量比较大。

湖北木林子国家级自然保护区兰科植物物种种群数量现状统计表

编号	属	种		种群数量/株	分布面积/m²
1	石豆兰属	广东石豆兰	*Bulbophyllum kwangtungense*	550	20
2	虾脊兰属	剑叶虾脊兰	*Calanthe davidii*	62	310
3		钩距虾脊兰	*Calanthe graciliflora*	350	1750
4		叉唇虾脊兰	*Calanthe hancockii*▲	15	75
5		细花虾脊兰	*Calanthe mannii*	29	145
6		无距虾脊兰	*Calanthe tsoongiana*▲	35	175
7	头蕊兰属	银兰	*Cephalanthera erecta*	157	260
8		金兰	*Cephalanthera falcata*	105	175
9	杜鹃兰属	杜鹃兰	*Cremastra appendiculata*	105	175
10	兰属	建兰	*Cymbidium ensifolium*	25	210
11		蕙兰	*Cymbidium faberi*	280	2500
12		多花兰	*Cymbidium floribundum*	39	485
13		春兰	*Cymbidium goeringii*	320	2700

编号	属	种		种群数量/株	分布面积/㎡
14	杓兰属	绿花杓兰	*Cypripedium henryi*	43	215
15		扇脉杓兰	*Cypripedium japonicum*	146	730
16	石斛属	大花石斛	*Dendrobium wilsonii*	110	25
17	火烧兰属	大叶火烧兰	*Epipactis mairei*	85	425
18	山珊瑚属	毛萼山珊瑚	*Galeola lindleyana*	3	9
19	天麻属	天麻	*Gastrodia elata*	18	90
20	斑叶兰属	大花斑叶兰	*Goodyera biflora*	85	210
21		斑叶兰	*Goodyera schlechtendaliana*	450	1125
22		绒叶斑叶兰	*Goodyera velutina*	335	840
23	玉凤花属	裂瓣玉凤花	*Habenaria petelotii*	5	15
24	羊耳蒜属	羊耳蒜	*Liparis campylostalix*	65	325
25	齿唇兰属	西南齿唇兰	*Odontochilus elwesii* ▲	58	290
26	山兰属	长叶山兰	*Oreorchis fargesii*	2	5
27	石仙桃属	云南石仙桃	*Pholidota yunnanensis*	450	225
28	舌唇兰属	舌唇兰	*Platanthera japonica*	360	1800
29	独蒜兰属	独蒜兰	*Pleione bulbocodioides*	15000	1500
30		美丽独蒜兰	*Pleione pleionoides*	20	100

3.2　木林子自然保护区兰科植物分布现状

在木林子自然保护区的30种兰科植物中，野外调查发现的极稀有种有3种，分别为长叶山兰（*Oreorchis fargesii*）、裂瓣玉凤花（*Habenaria petelotii*）和毛萼山珊瑚（*Galeola lindleyana*），都只在一个分布地发现；零星散布的有8种，数量级在11～50株，此类兰科植物主要为单生，较少集中分布；分布较广的有10种，数量级在51～200株，这些兰科植物以散生为主，极少成片，但其中大花石斛（*Dendrobium wilsonii*）的濒危等级为极危（CR），目前只在保护区内一个分布地有发现；分布最广泛的数量级在201～1000株，其中分布面积最大的是春兰（*Cymbidium goeringii*）、蕙兰（*Cymbidium faberi*）和舌唇兰（*Platanthera japonica*），这3种兰科植物对环境的适应性强，呈现广布散生的趋势。

湖北木林子国家级自然保护区兰科植物物种种群现状统计表

种群现状	种群数量/株	种数	占总种数比例
极稀有	≤10	3	10%
零星散布	11～50	8	26.67%
散生为主，极少成片	51～200	10	33.33%
散生为主，有时成片	201～1000	8	26.67%
散生为主，局部集中	＞1000	1	3.33%
合计		30	100%

木林子自然保护区兰科植物重点保护种类的分布状况

①兰属*Cymbidium*。

兰属的春兰（*Cymbidium goeringii*）、蕙兰（*Cymbidium faberi*）在种群数量上较多，分布也最为广泛，在保护区的针阔混交林中分布最多，且在整个保护区的范围内散生分布，这两种兰科植物混生的情况也常有发生。蕙兰分布的海拔梯度为1500～1850m，种群数量有280株，分布面积2500m^2；春兰分布的海拔梯度为1300～1900m，种群数量有320株，分布面积2700m^2。

建兰（*Cymbidium ensifolium*）和多花兰（*Cymbidium floribundum*）在种群数量上较少，分布趋势呈散生分布。建兰主要分布在疏林下或透光良好的灌丛中，在保护区核心区下坪站附近有发现，与蕙兰和春兰的生境相似，分布的海拔梯度为1450～1750m，种群数量有25株，分布面积210m²；多花兰主要分布在保护区的峡谷地带，在保护区核心区许家湾附近及邬阳站有发现，喜生于溪谷旁透光的岩壁上，分布的海拔梯度为1250～1800m，种群数量有39株，分布面积485m²。

②杓兰属*Cypripedium*。

杓兰属的绿花杓兰（*Cypripedium henryi*）和扇脉杓兰（*Cypripedium japonicum*）一般都喜生于湿润和腐殖质丰富的环境，因此分布范围相似，在保护区海拔1200～1700m的林下、林缘、溪谷旁、荫蔽山坡等环境有发现。绿花杓兰在保护区邬阳站有发现，分布的海拔梯度为1250～1600m，种群数量有43株，分布面积215m²；扇脉杓兰在保护区多处都有发现，散生分布，有时集中生长，分布的海拔梯度为1200～1700m，种群数量有146株，分布面积730m²。

③石斛属*Dendrobium*。

大花石斛（*Dendrobium wilsonii*）的濒危等级为极危（CR），目前只在保护区内邬阳站有发现野生植株。生境的破碎化和人为采摘使得石斛属、石豆兰属及石仙桃属一类的附生兰科植物种群数量有所下降。大花石斛分布的海拔梯度较窄，在1100～1300m，此次发现种群数量有110株，分布面积25m²。

4

木林子自然保护区野生兰科植物保护

4.1 致濒原因分析

由于人类活动的规模大和次数频繁，生态系统受到很大的破坏。对于兰科植物这样对环境依赖性强的生物来说，生境遭到入侵更容易加速其种群的削减甚至于灭绝。保护不力、过度采集、生境的丧失与片段化、土地利用改变、人工林的发展、生物入侵以及一些重大工程的建设，都导致某些兰科植物生活或仅残留在一些非常重要的原生生态系统中。而且，一些兰科植物由于有较高的药用价值和园艺观赏价值，被过度采摘，加之许多都是处在濒危的状况，这就导致这些兰科植物处于灭绝的边缘。在某些地区开展调查时发现，采挖石斛属（*Dendrobium*）和白及属（*Bletilla*）植物的现象非常普遍，在石壁上附生的一些兰科物种如石仙桃属（*Pholidota*）、石豆兰属（*Bulbophyllum*），还有某些附生的植物如羊耳蒜属（*Liparis*）等，也被当作石斛采挖下来，流入药材市场买卖。另有一些具有极高观赏价值的大型兰科植物，如兰属（*Cymbidium*）、虾脊兰属（*Calanthe*）、杓兰属（*Cypripedium*）的植物，也是被采挖的主要对象。

虽然人类用地对兰科植物生境的侵占是兰科植物分布片段化的主要成因，但是过度的采集才是造成野生兰科植物居群数量急剧下降，甚至某些物种濒临灭绝的主要原因。某些兰科植物本就处在濒危的状况，在此次调查中发现它们的居群数量与以往的情况相比下降的趋势更明显。

根据中国生物多样性红色名录，保护区兰科植物受到威胁的种类（极危、濒危、易危、近危4类）占比达16.66%。值得注意的是，世界自然保护联盟的一些“无危”种在保护区有可能受到较大的威胁，如杜鹃兰、云南石仙桃、天麻等。有必要做好地方受危物种的调查与评估，采取有效措施加强地方性极小种群的保护。

4.2 保护措施及建议

通过野外调查，已摸清了木林子自然保护区兰科资源的物种多样性及其分布情况。对于一些居群数量少或急剧下降、极狭分布和极小种群的兰科植物，后期要设立固定监测样方和样地，实施动态监测机制，定期前往样地调查种群生存状况，记录种群内个体数量、伴生种（寄生种）类别、湿度，并采集生长土壤，分析土壤中兰科植物共生微生物变化趋势。在不破坏种群平衡前提下，对通过野外调查发现的极小种群、狭域种以及濒危等级较高的物种采集新鲜叶片DNA分子样、花粉、种子以及土壤，并收录到木林子自然保护区野生植物资源库保存。

同时针对现在兰科植物面临的过度采摘现象，应该完善相关法律法规，利用互联网大力宣传兰科植物保护及相关保护法律法规，严厉打击采挖或破坏兰科植物等非法行为，规范兰花市场买卖经营，建立监督机制，并履行监督义务。

通过调查发现，在保护区内的兰科植物不论是物种数量还是居群规模都有恢复和增加，而没有设立保护区的兰科植物分布地则是采摘的重点地区，采摘者往往将整片兰科植物连同生长基质一起采摘，比如附生在树上的石斛属与石仙桃属被连同树枝锯下来。这些地区应被列为重点保护地区，加强对兰科植物采集的限制，保护兰科植物赖以生存的环境，尤其是森林植被。

建立自然保护区是保护野生动植物最科学有效的方式之一，应加快自然保护区建立，督促完善相关硬件配置，配备一定数量科研保护人员，建立长效保护机制，较好的环境条件有利于兰科植物生长繁衍、扩散种群。

对评估后濒危等级较高的兰科植物设立固定监测样地，实施动态监测机制，定期前往样地调查种群生存状况。基于野外调查的数据，将保护区兰科植物资源档案建立起来，利用电子化的平台去管理数据，更加敏锐地捕捉野外物种种群动态变化，及时响应。

对极其濒危的重要物种，应采取迁地保护措施帮助其繁殖，建立兰科植物种质资源基因库，保护物种多样性。

禁止野生兰科植物贩卖活动，积极鼓励和引导对兰科植物进行人工栽培，建立人工栽培基地是解决保护与开发利用的矛盾，实现兰科植物资源可持续利用的有效途径。

4.3　兰科植物重点保护类群动态监测

4.3.1　资源监测总体设想

为了加强木林子自然保护区野生兰科植物资源的管理和监督工作，及时掌握野生兰科植物资源现状和消长变化情况，预测资源的发展趋势，为保护区的科学决策提供依据，必须建立一个长期、稳定、科学、规范的野生兰科植物资源动态监测体系。通过这次的调查，我们了解和掌握了保护区野生兰科植物的种类及其地理分布，初步了解了每种野生兰科植物的野生植株数量。

对保护区野生兰科植物资源进行动态监测，能够定期掌握保护区野生兰科植物的生存状况及其他相关数据，对收集与保护极小种群、狭域种以及濒危等级较高的物种种质，建立保护区兰科植物数据库，实现野生植物数据电子化管理，都有极大的推动作用。

4.3.2　监测物种选择

监测对象分为重点监测对象和一般监测对象，监测原则如下：

①目前野外种群处于极度濒危或濒危状态的目的种属；

②在植物区系上具有特殊地位或重要价值的目的种属；

③为湖北省特有的珍稀、濒危的种属；

④有重大经济、科研和文化价值，人为开发利用或其他干扰活动较频繁的目的种属；

⑤分布范围狭小、生境特殊，具有重要监测价值的其他国家级、省级监测目的种属。

根据以上原则，确定了21种兰科植物为今后保护区重点监测对象，其中易危兰科植物有美丽独蒜兰（*Pleione pleionoides*）、春兰（*Cymbidium goeringii*）和建兰（*Cymbidium ensifolium*）3种，其他兰科植物有18种，以下是具体名录。

湖北木林子国家级自然保护区重点动态监测的兰科植物类群

编号	属	种		濒危等级
1	虾脊兰属	钩距虾脊兰	*Calanthe graciliflora*	LC
2	虾脊兰属	细花虾脊兰	*Calanthe mannii*	LC
3	虾脊兰属	无距虾脊兰	*Calanthe tsoongiana* ▲	NT
4	虾脊兰属	叉唇虾脊兰	*Calanthe hancockii* ▲	LC
5	虾脊兰属	剑叶虾脊兰	*Calanthe davidii*	LC
6	头蕊兰属	银兰	*Cephalanthera erecta*	LC
7	头蕊兰属	金兰	*Cephalanthera falcata*	LC
8	杜鹃兰属	杜鹃兰	*Cremastra appendiculata*	NT
9	兰属	春兰	*Cymbidium goeringii*	VU
10	兰属	建兰	*Cymbidium ensifolium*	VU
11	兰属	蕙兰	*Cymbidium faberi*	LC
12	杓兰属	绿花杓兰	*Cypripedium henryi*	NT
13	杓兰属	扇脉杓兰	*Cypripedium japonicum*	LC
14	火烧兰属	大叶火烧兰	*Epipactis mairei*	NT
15	山珊瑚属	毛萼山珊瑚	*Galeola lindleyana*	LC
16	天麻属	天麻	*Gastrodia elata*	VU
17	独蒜兰属	独蒜兰	*Pleione bulbocodioides*	LC
18	独蒜兰属	美丽独蒜兰	*Pleione pleionoides*	VU
19	斑叶兰属	斑叶兰	*Goodyera schlechtendaliana*	NT
20	斑叶兰属	绒叶斑叶兰	*Goodyera velutina*	LC
21	齿唇兰属	西南齿唇兰	*Odontochilus elwesii* ▲	LC

4.3.3 监测样地选择

在本次木林子自然保护区野生兰科植物资源调查的基础上，根据我国兰科植物资源专项补充调查工作方案和技术规程的有关要求、不同监测对象的特点及保护区的具体情况，分别确定各重点监测对象今后的重点监测器具和具体的调查监测样地或核实点。重点监测地区和重点监测样地的确定遵循以下原则：

①综合分析野生兰科植物资源调查资料，有重点、有目的地选定重点监测对象和地区，充分考虑资源监测与资源调查工作的衔接性和监测工作的长期性，监测样方从调查样方中抽取，比例不小于10%。

②监测样方的确定，应充分考虑生境的代表性、种群密度等级、样方的稳定性和监测工作的可操作性，确保收集到的数据在事件序列上有可比性，能够准确反映资源的现状和动态变化趋势。

③监测样方的选择应在顾及尽可能多地出现目的兰科植物的同时，突出重点，充分保证重点监测的兰科植物数据的典型性和信息处理的可靠性。

④尽量利用现有自然保护区的观察点、省级森林资源连续清查固定样地和科研系统的生态定位监测点。

⑤根据不同的调查检测方法，有针对性地布设不同的监测样方。

本次野生兰科植物资源调查以野外实地调查木林子自然保护区各地区的兰科植物群落或生境类型、分布面积和种群密度及生物因子为主要内容，因此今后监测工作的重点为此次调查过的野生兰科植物野外调查监测。保护区内野生兰科植物资源较为丰富，为确保今后监测的科学性，应提高监测的针对性和准确性，避免盲目监测带来不必要的时间、资源的浪费。

4.3.4 监测方式

①反复监测。

野外监测直接采用样方法进行，每年定期前往监测样地进行调查，在调查监测过程中记录每个样方中的兰科植物及其点位坐标，即监测时的野外调查记录内容与资源调查时的相同。

②动态监测平台。

通过与自然保护区的相关部门合作，在本次调查的数据和结果的基础上，实施野生兰科植物资源动态监测机制。除定期前往监测地点调查之外，以保护区为依托，共同建立一个野生兰科植物资源动态监测的数据库，使用数字化、电子化的平台去管理数据，从而更加敏锐地捕捉样方内野生兰科植物种群动态变化情况，及时响应。

③访问、问卷。

其他与野生兰科植物资源保护利用有关的保护管理、经营利用水平以及社会经济价值等监测内容，采用访问调查与问卷调查相结合的方法进行调查监测。

根据样方法调查监测所取得的兰科植物数据，处理方法与资源调查时的数据处理方法相同。

4.3.5 监测时间和周期

原则上根据各监测物种的生物学特性来确定最佳的调查监测时间，同时应与资源调查时间基本一致，以后各监测期的监测时间也应基本保持不变。

国家一级保护的监测物种原则上每年调查监测一次；国家二级保护及省定监测物种原则上每间隔2～3年调查监测一次；相应监测物种的人工栽培情况、国内外贸易情况、保护管理状况等的调查监测原则上与野生资源监测同步，不能同步的至少每5年调查监测一次。

参 考 文 献

[1] 中国科学院中国植物志编辑委员会. 中国植物志：第18卷 · 兰科[M]. 北京: 科学出版社, 1999.

[2] 陈思艺, 艾训儒, 姚兰, 等. 鄂西南地区种子植物多样性与区系特征[J]. 西北植物学报, 2019, 39(2): 330−342.

[3] 陈俊辰, 贺淑钰, 薛晶, 等. 多尺度生态系统服务的权衡关系及其对景观配置的响应研究：以湖北省为例[J]. 生态学报, 2023，43(12): 4835−4846.

[4] 和太平, 彭定人, 黎德丘, 等. 广西雅长自然保护区兰科植物多样性研究[J]. 广西植物, 2007, 27(4): 590−595 ，580.

[5] 傅书遐. 湖北植物志：第4卷[M]. 武汉: 湖北科学技术版社, 2002: 577−645.

[6] 龚仁虎, 朱晓琴, 张代贵, 等. 湖北省兰科植物1个新记录属和4个新记录种[J]. 生物资源, 2022, 44(4): 417−419.

[7] 中国科学院中国植物志编辑委员会. 中国植物志：第19卷 · 兰科[M]. 北京: 科学出版社, 1999.

[8] 中国科学院中国植物志编辑委员会. 中国植物志：第17卷 · 兰科[M]. 北京: 科学出版社, 1999.

[9] 刘昂. 湖南南部野生兰科植物多样性研究[D]. 长沙：中南林业科技大学, 2021.

[10] 陆归华, 易丽莎, 陈喜棠, 等. 湖北省兰科植物五个新记录种[J]. 中国野生植物资源, 2024, 43(6): 118−122.

[11] 刘玉凤. 浅谈野生兰科植物资源现状及其保护[J]. 种子科技, 2021, 39(10): 127−128.

[12] 金效华，李剑武，叶德平. 中国野生兰科植物原色图鉴[M]. 郑州：河南科学技术出版社，2019.

[13] CAMERON K M, CHASE M W, WHITTEN W M, et al. A phylogenetic analysis of the Orchidaceae: evidence from *rbcL* nucleotide sequences[J]. American journal of botany, 1999,86(2): 208−224.

[14] CHASE M W, CAMERON K M, FREUDENSTEIN J V, et al. An updated classification of Orchidaceae[J]. Botanical journal of the linnean society, 2015,177(2): 151−174.

[15] GARDINER L M. New combinations in the genus *Vanda* (Orchidaceae)[J]. Phytotaxa, 2012,61(1): 47−54.

[16] KOCYAN A, SCHUITEMAN A. New combinations in Aeridinae (Orchidaceae)[J]. Phytotaxa, 2014, 161(1): 61−85.

[17] LI Y L, TONG Y, YE W, et al. *Oberonia sinica* and *O. pumilum* var. *rotundum* are new synonyms of *O. insularis* (Orchidaceae, Malaxideae)[J]. Phytotaxa, 2017, 321(2): 213−218.

[18] QIN Y, CHEN H L, DENG Z H, et al. *Aphyllorchis yachangensis* (Orchidaceae), a new holomycotrophic orchid from China[J]. PhytoKeys, 2021, 179(4): 91−97

[19] QIAN X, WANG C X, TIAN M. Genetic diversity and population differentiation of *Calanthe tsoongiana*, a rare and endemic orchid in China[J]. International journal of molecular sciences, 2013, 14(10): 20399−20413.

[20] PRIDGEON A M, CRIBB P J, CHASE M W, et al. Genera Orchidacearum: volume 1 general introduction, Apostasioideae, Cypripedioideae[M]. Oxford: Oxford University Press,1988.

[21] PRIDGEON A M, CRIBB P J, CHASE M W, et al. Genera Orchidacearum: volume 2 Orchidoideae (part one)[M]. Oxford: Oxford University Press,2001.

[22] PRIDEGON A M, CRIBB P J, CHASE M W, et al. Genera Orchidacearum: volume 3 Orchidoideae (part two), Vanilloideae[M]. Oxford: Oxford University Press,2003.

[23] O' BRIEN S. In the footsteps of Augustine Henry and his Chinese plant collectors[M]. Woodbridge : Garden Art Press, 2011.

[24] WILSON E H. China, mother of gardens[M]. Boston: The Stratford Company, 1929.

[25] WONG S, LIU H. Wild-orchid trade in a Chinese e-commerce market[J]. Economic botany, 2019, 73(3): 357−374.

[26] WU Z Y, RAVEN P H. Flora of China :vol. 25 Orchidaceae [M]. Beijing: Science Press, 2009.

[27] YAN Q, LI X W, WU J Q. *Bulbophyllum hamatum* (Orchidaceae), a new species from Hubei, central China [J]. Phytotaxa, 2021, 523(3): 269−272.

[28] YU F Q, DENG H P, WANG Q, et al. *Calanthe wuxiensis* (Orchidaceae: Epidendroideae), a new species from Chongqing, China[J]. Phytotaxa, 2017, 317(2): 152−156.